Arnold Dietz
Wir bauen ein Haus aus Holz

Arnold Dietz

Wir bauen ein Haus aus Holz

interna
Ihr persönlicher Experte

interna

Dieses Buch wird digital produziert.
Die laufende Einarbeitung von Änderungen und
Ergänzungen garantiert stets optimale Aktualität. Zusatzservice für alle Leser:
kostenloser Newsletter zum Buchthema plus regelmäßige Redaktionssprechstunde.

Wir bauen ein Haus aus Holz
ISBN 978-3-945778-13-5

Umschlaggestaltung: workstation, Niederkassel
Satz: workstation, Niederkassel
Lektorat: Janine Hassink, Bonn

Verlag interna GmbH
Handelsregister Bonn HRB 15534
Geschäftsführer: Jörg Mielczarek
Auguststr. 1, 53229 Bonn
Tel.: 0228/85 44 98-0, Fax: 0228/85 44 98-20
www.verlag-interna.de
info@verlag-interna.de

Printed in Germany

Inhalt

1 Grundwissen und Fehlervermeidung ... 7
1.1 Vorwort ... 7
1.2 Einleitung – Vom Alten zur Moderne ... 8
1.3 Die Prinzipien ... 11
1.3.1 Eigenschaften einer idealen Hauswand ... 11
1.3.2 Das Wasser im und am Bau ... 14
1.3.3 Das Hausklima ... 15
1.3.4 Die Materialauswahl ... 21
1.3.5 Wärmedämmung ... 25
1.3.6 Das Fundament ... 30
1.3.7 Die Außenwände ... 33
1.3.8 Das Dach ... 34
1.3.9 Der Fußboden ... 35
1.3.10 Außen- und Innenputz ... 35
1.3.11 Die Tapeten ... 36
1.3.12 Das Heizen ... 37

2 Das Blockbohlen- (Holz-) Haus ... 39
2.1 Holz als Baustoff ... 39
2.1.1 Das Holzwachstum ... 42
2.1.2 Der Chemische Aufbau ... 43
2.1.3 Holztrocknung ... 44
2.2 Die Eignung der Holzarten zum Hausbau ... 45
2.2.1 Kelo-Honka Kiefer/Fichte ... 47
2.2.2 Die Robinie ... 47
2.2.3 Kanadische/Nordische Kiefer/Fichte ... 50
2.2.4 Acetyliertes Holz ... 50
2.2.5 Lärchenholz ... 51
2.2.6 Die Douglasie ... 51
2.2.7 Europäische Kiefer/Fichte ... 52
2.3 Die Entstehung eines Holzhauses ... 52
2.3.1 Das Herrichten des Bauplatzes ... 53
2.3.2 Der Massivholzbau ... 54
2.3.3 Holzrahmenbau ... 63
2.3.4 Holzskelettbau ... 66
2.3.5 Holzskelettbau mit Lehmmischung (klassisches Fachwerkhaus) ... 67

3 Holzschutz und Anstriche ... **71**
3.1 Natürlicher Holzschutz ... 72
3.2 Bautechnischer Holzschutz ... 72
3.3 Unerwünschte Schäden und natürliche Verwitterung ... 73
3.3.1 Insektenschäden ... 73
3.3.2 Pilzbefall ... 74
3.3.3 Verwitterung und Farbe ... 75
3.4 Die Holzschutzverfahren ... 77
3.4.1 Die Materialien für den Außenanstrich ... 78
3.4.2 Farben, Lacke und Lasuren ... 81
3.4.3 Holzschutz wie er sein sollte – die alten Rezepte ... 83
3.4.3.1 Eisenvitriol ... 85
3.4.3.2 Teer ... 86
3.4.3.3 Teerfarben ... 87
3.4.4 Holzschutz auf Ölbasis ... 88
3.4.4.1 Öllacke und Alkydfarben ... 88
3.4.4.2 Leinöl ... 89
3.4.4.3 Ölfarbe ... 90
3.4.5 Die Kochfarben ... 92
3.4.6 Anstreichen mit Milch - Die Kaseinfarben ... 95

4 Der Bau einer finnischen Sauna ... **100**
4.1 Die Rauchsauna ... 102
4.2 Der Ofen zum Einmalheizen ... 105
4.3 Der Dauerbrenner ... 105
4.4 Die Elektroöfen ... 106
4.4.1 Die immer bereiten Saunaöfen ... 106
4.5 Die Gartensauna – das Saunahaus ... 107
4.6 Die Bunkersauna ... 109

5 Anhang ... **111**
5.1 Checkliste zur Vorbereitung Ihres Bauvorhabens ... 111
5.2 Glossar ... 117

1 Grundwissen und Fehlervermeidung

1.1 Vorwort

Im ersten Teil dieses Buches besprechen wir allgemein gültige Prinzipien beim Bau eines Hauses. Wir werden dabei auf allerlei Ungereimtheiten treffen, auf viele Märchen und auf Experten, die eigentlich doch keine Ahnung haben. Was wir hier meistens leider nicht treffen, ist das Walten des gesunden Menschenverstandes. Daher soll dieser Ratgeber dem Bauherrn helfen, die Dinge mit seinem eigenen Verstand zu erfassen und entsprechend zu handeln. Das, was ich Ihnen hier vorschlagen werde, scheint vielleicht im ersten Moment nicht immer die billigste Lösung zu sein, ist aber längerfristig die ökonomischste. Aber überzeugen Sie sich selbst!

1.2 Einleitung - Vom Alten zur Moderne

Die Baumeister früherer Zeiten haben ihre Paläste und Wohnhäuser mit dem Ziel einer Jahrhunderte langen Lebensdauer geplant und gebaut. Bis Anfang des 20. Jahrhunderts, etwa um 1930, funktionierte das auch einwandfrei. Dann begann das Zeitalter des Fortschritts, von dem die Welt wie von einer Dampfwalze überrollt wurde.
Das Ende des II. Weltkriegs brachte eine weitere Wende mit sich und die Jahre um 1950 waren einschneidend für die Entwicklung der internationalen Bautechnik. In dieser Zeit fanden die neuen technologischen Erkenntnisse, vor allem die der Bauchemie, ihren Durchbruch. Denn nach den Zerstörungen des II. Weltkriegs mussten möglichst viele Gebäude in möglichst kurzer Zeit neu gebaut oder wieder aufgebaut werden. Zur gleichen Zeit wurden neue Materialien eingeführt: Asbestplatten (Eternit), Mineralwolle, Latexanstriche etc. Diese Materialien wurden schnell und bereitwillig von den Architekten in ihre Pläne aufgenommen und auch in die Hochschullehre integriert, denn sie hatten viele Vorteile: Sie waren billig und verkürzten die Bauzeit enorm. Der moderne Trend wurde dann noch durch massive Marketingstrategien der Herstellerfirmen unterstützt.

Doch bereits um 1970 traten die ersten gravierenden Bauschäden auf. Im Laufe der Jahre verstärkte sich diese Entwicklung. Nach wissenschaftlich gesicherten Erkenntnissen waren bereits im Jahr 2006 etwa 70% der gesamten Bausubstanz in Deutschland geschädigt. Das wird sich in Zukunft, infolge der allgemeinen Expertenignoranz und der neuen Energieverordnung (EnEV), noch erheblich verschlimmern. Demnach soll nämlich ganz Deutschland in Dämmstoffe gepackt werden. Und genau hier liegt der zentrale Fehler der modernen Bauweise, wie Sie im Verlauf des Ratgebers sehen werden.

Glücklicherweise stehe ich mit meiner Meinung nicht allein. Neue Untersuchungen geben den Auffassungen in diesem Leitfaden recht. Ebenso gibt es mehr und mehr Baufirmen, die sich einer nachhaltigen und ökologischen Bauweise verschrieben haben. Leider gilt jedoch: Wo ökologisch draufsteht, werden die Gesetze der Ökologie nicht automatisch beachtet. Da hilft nur hinschauen und nachfragen. Hierbei und noch weit darüber hinaus, soll Ihnen dieses Buch behilflich sein.

Vom Mittelalter bis in die frühe Neuzeit wurden die Häuser der Bauern und Kaufleute in Holzskelettbauweise (Fachwerkbau) erstellt. Für die Paläste benutzte man Bruch-, Kalk- oder behauene Feldsteine. Zunehmend wurde dann auch der, seit dem frühen Altertum bekannte Ziegelstein aus gebranntem Lehm populär. Schon durch die Römer hatte sich die Technik der Ziegelbauweise in ganz Europa verbreitet. Trotzdem behielt der Baustoff *Holz* bis in die heutige Zeit seine Berechtigung. In den skandinavischen Ländern, den USA und in Kanada behielt es beim Bau von Villen und Einfamilienhäusern zu Recht seine dominante Stellung.

An dieser Stelle möchte ich noch eine Bemerkung über die Lebensdauer von Häusern ganz allgemein einfügen:

- Die technische Lebensdauer:
  Sie dauert von der Errichtung bis zum Abriss.
- Die Gesamtnutzungsdauer:
  Das ist die Zeit, in der das Haus bei normaler Wartung seinen sachgerechten Dienst tut.
- Die Restnutzungsdauer:
  Das ist die Gesamtnutzungsdauer minus das Lebensalter.

Die Gesamtnutzungsdauer ist nur sehr schwer vorauszusagen. Doch lässt sich feststellen, dass viele noch bewohnte Fachwerkhäuser über 750 Jahre alt sind, während man bei den heutigen

Stadtbauten aus Ziegel, Beton oder Stein von einer technischen Lebensdauer von ca. 100 Jahren ausgeht. Auf der anderen Seite kann man jedoch auch Holzhäuser sehen, die bereits nach 15-20 Jahren einer Grundsanierung bedürfen. Um zu verstehen, was beim Bau im Allgemeinen falsch gemacht wird, müssen wir uns im nächsten Schritt mit den Hauptprinzipien vertraut machen, die für alle Baumaterialien gelten. Ohne diese Prinzipien verstanden zu haben, werden sich dieselben Baufehler, die schon so manch hoffnungsvollen Bauherren in den Ruin geführt haben, nicht vermeiden lassen. So schätzen Fachleute, dass man in jedem Haus in Deutschland etwa 30 Baufehler erwarten kann. Sie bestimmen allerdings auch, was Baufehler sind und was nicht. Außerdem sind sie sich einig, dass in Deutschland etwa 70% der gesamten Bausubstanz geschädigt sind.

Aber was verursacht diese Misere?
Warum wird man aus den Schäden nicht schlauer?

Die Antwort ist einfach: Falsche Bautechniken, ungeeignete Materialien, mangelnder Einsatz des Menschenverstandes und eine eins-zu-eins Übertragung von Laborversuchen in die Praxis sind der Grund für die meisten Schäden. Häufig werden aus den Laborversuchen auch falsche Schlüsse gezogen. Vor allem aber stehen wir vor der grenzenlosen Verbohrtheit der Fachleute, die aus ihren Fehlern partout nicht lernen wollen. Der Hochmut der Moderne wertet Jahrhunderte alte Bautechniken ab. Anstatt von den Alten zu lernen, wollen wir es mit unseren modernen Kenntnissen und unserer Hochtechnologie besser wissen – mit fatalen Folgen.

Dieses Buch soll Ihnen das Prinzip einer vernünftigen Bauweise offen und verständlich aufzeigen und Ihnen helfen, grundsätzliche Fehler beim Bauen oder Renovieren zu vermeiden. Wer sich auf dieses Buch einlässt, sollte gesunden Menschenverstand mitbringen und sich nicht von den eigenen und fremden Vorurteilen blenden lassen.

1.3 Die Prinzipien

Zunächst muss man die Prinzipien der einzelnen Methoden beim Bau verstehen, um schwerwiegende Planungs- und Baufehler vermeiden zu können. Dafür haben wir vor allem die Bauingenieure und die Architekten BDA (Bund Deutscher Architekten). Der Anhang BDA ist wichtig, da die Berufsbezeichnung Architekt in Deutschland nicht geschützt ist. Es kann sich also jeder Ungelernte „Architekt" nennen. Die Bezeichnung BDA trennt die Spreu vom Weizen.

Nun ist es aber leider so, dass die meisten von ihnen, wie im vorangegangen Kapitel beschrieben, absurde Meinungen vertreten, die dann sogar in die neue EnEV eingeflossen sind. Bauherren, die vor einem Neubau stehen oder ein altes Haus renovieren wollen, werden durch diese Vorschrift dazu getrieben, von Anfang an grobe Fehler in ihre Bauvorhaben einzuplanen. Das kann dazu führen, dass Neubauten sofort oder nach sehr kurzer Zeit unbewohnbar werden. Nach Renovierungen treten die ersten Schäden meistens schon 2-3 Jahre später auf. Aus dem heutigen Energiesparwahn heraus wird der Wohnbestand kaputt saniert. Im Folgenden werde ich Ihnen die wesentlichen Prinzipien und ökologischen Gesetze, die beim Hausbau zu beachten sind, aufzeigen.

1.3.1 Eigenschaften einer idealen Hauswand

Die wichtigste Eigenschaft zuerst:

- Die Wand sollte im Winter die Wärme innen und die Kälte außen halten.
- Im Sommer ist es umgekehrt. Die Hitze soll außen bleiben und die Kühle innen sein.

Das heißt aber, dass wir hier mit Leichtbauweisen (Fertighaus) und Isolierungen nicht weiter kommen. Stattdessen benötigen wir eine massive Wand (hohe spezifische Dichte), die als *Wärmepuffer* dienen kann. Je mehr Wärmeeinheiten eine Wand aufnehmen kann, desto besser kann sie die gewünschte Pufferwirkung zwischen Außen- und Innentemperatur erfüllen.

Werkstoffe, die diese Kriterien erfüllen sind:

- Lehm
- Holz
- LZH oder T8/T9 Ziegel
- Ziegel (Backsteine, Klinker)

Obwohl Lehm an erster Stelle steht, steht es dort nur der Ordnung halber, denn Lehm kann nur im Gemisch mit anderen Materialien Verwendung finden. Somit ist Holz das beste Baumaterial und der Fachwerkbau als Methode für den Hausbau am besten geeignet. Diese Thematik wird jedoch im zweiten Teil des Ratgebers eingehend besprochen und daher hier zunächst außen vor gelassen.

Wenden wir uns also dem Ziegelbau zu:
Nachdem sich in Europa eine Ziegelindustrie etabliert hatte, baute man Häuser, öffentliche Gebäude und Kirchen aus soliden Backsteinen. Die Wärmedämmung dieses Materials war gemessen an unseren heutigen Anforderungen nicht besonders gut. Und doch stehen diese Gebäude – wenn der Besitzer nicht dem Dämmungswahn verfallen und sie kaputt saniert hat – noch heute problemlos da und zeugen vom Können und vom Verstand der alten Baumeister. Der solide Backstein ist zwar in Punkto Wärmedämmung kein Vorzeigebeispiel, macht das aber durch seine hervorragende Speicherfähigkeit für Wärme mehr als wett. Darum ist der mit Backstein gemauerte Ofen, mit und ohne Kachelverkleidung, bis heute als Heizquelle unübertroffen.

Was setzt die moderne Technologie dem entgegen? Leichtbaumaterialien wie Gasbeton, Porotonsteine und alle möglichen Dämmstoffe. Physik bleibt aber Physik, da nützen alle Beschwörungen nichts: Leichtbaustoffe taugen nicht als Wärmepuffer! Denn sie verlieren ihre Wärme genau so schnell, wie sie aufgeheizt werden.

Wenn die Sonne im Winter eine massive Hauswand bestrahlt, gibt diese die Wärmeenergie allmählich nach innen ab. Das bedeutet einen großen Kostenvorteil für die ungedämmte Wand. Haben wir dagegen eine Außendämmung, so können wir keine positive Wärmebilanz erwarten. Die Wand hinter der Dämmung bleibt nämlich kalt. Von Innen diffundiert Wasserdampf durch Farbe und Tapeten und kondensiert an der kalten Fläche. Das passiert ganz unabhängig davon, welche Dämmungsmaterialien verwendet und in welcher Bautechnik vorgegangen wurde.

Und was passiert bei einer Innendämmung?

Der Wasserdampf diffundiert in das Dämmmaterial und kondensiert an der kälteren Außenwand. Oder wir haben ein Dämmmaterial, das keinen Wasserdampf aufnehmen kann. Dann kondensiert das Wasser an der Innenwand, denn die ist immer etwas kälter als die Innenluft.

In beiden Fällen entstehen Problemzonen, in denen sich das Kondensat sammelt, mit schwerwiegenden Folgen: Schimmel, Pilze und Verrottung treten bevorzugt dort auf, wo sich Tauwasser bildet. Darum wird von Experten die absolut dichte Wand durch Folienabdeckung und Dampfsperren gefordert.

Vorsicht!

Auch die ganze Folienherrlichkeit ist nicht von langer Dauer. Die Eigenbewegungen des Hauses durch Wind, Komprimierung des Bodens, Verrottung durch anaerobische (sauerstoffarme) Mikroorganismen etc. bereitet der Foliomanie bald ein Ende. Vom dritten Baujahr an, kann man damit rechnen, dass die Folien ihre Elastizität verlieren und reißen. Dann dauert es meist noch fünf bis zehn Jahre bis die ersten Bauschäden sichtbar werden. Danach werden die Häuser saniert und nach drei bis zehn Jahren stehen wir wieder vor dem gleichen Dilemma.

Wir kommen auf einzelne Probleme im Folgenden noch mehrmals zu sprechen. Wichtig ist, dass die Schwierigkeiten und Prinzipien in der Thermodynamik verstanden werden.

1.3.2 Das Wasser im und am Bau

Wasser spielt beim Bauen eine bedeutende Rolle. Unaufmerksamkeit und Unwissenheit führen unweigerlich zu vermeidbaren Folgekosten.

In einem Haus sind wir von Wasser umgeben, denn es kommt von unten, von oben, von außen und auch von innen.
Damit ein Bauwerk viele Jahrzehnte ohne größere Reparaturen überdauern kann, müssen wir die Konstruktion so planen, dass das Wasser, das von außen kommt, soweit es geht vom Bau ferngehalten wird, und zwar auch dann, wenn sich das Wasser durch geologische Umschichtungen einen anderen, überraschenden Weg sucht. Wir müssen so bauen, dass das Wasser von innen, also das Kondenswasser und der unvermeidbare Niederschlag gegen die Außenwände klar beherrscht werden.

Wasser spielt bei vielen Vorgängen im und ums Haus eine negative Rolle. Egal ob Ziegel brechen oder Kalksteine und Holz verrotten – überall wirkt das Wasser mit. Daher ist es eine der wichtigsten Voraussetzungen, dass Sie bei der Planung eines Bauvorhabens so planen und bauen, dass das Wasser von Ihrem Bau ferngehalten wird, gleichgültig, um welches Baumaterial es sich handelt.

Über kapillare Verbindungen kommt es von der Erde hoch und zieht in Holz oder Mauerwerk. Wenn das Dach nicht dicht ist, gelangt das Wasser von oben in die Wände und wenn die Wände falsch konstruiert sind, kommt es zur Durchfeuchtung der Außenwand oder zum Feuchtigkeitsstau in den Innenräumen. Wie wir noch genauer sehen werden, ist dies ein sehr komplexes Thema, das uns durch das ganze Buch begleiten wird. So bestimmt die Feuchtigkeit zum Beispiel wesentlich das Hausklima, womit wir beim nächsten Prinzip wären.

1.3.3 Das Hausklima

Um sich in seinen eigenen vier Wänden wohl zu fühlen, bedarf es eines gesunden Hausklimas. Das Hausklima entscheidet über die Nutzungsdauer und den Wert der Wohnimmobilie. Hier werden die meisten und entscheidenden Fehler gemacht und an dieser Stelle gibt es auch die meisten Irrtümer der Fachleute. Es gibt bis heute keinerlei Beweise für die offizielle Behauptung, dass durch nachträgliche Isolierung Wärmeenergie gespart werden könne. Ganz im Gegenteil. Wir kommen in den Kapiteln über Wärmedämmung und Heizen hierauf zurück.

Ob das Wohnen gesund, gemütlich oder ungesund, kalt und teuer ist, entscheidet das Hausklima. Ein gutes Hausklima verhilft seinen Bewohnern zu einer hohen Lebensqualität und spart im Laufe der Zeit eine Menge Geld. Es entscheidet aber auch darüber, ob das Haus vernünftig und für eine lange Lebensdauer gebaut ist, oder ob man es gleich oder nach dreißig bis vierzig Jahren besser abreißen sollte.

In jedem normalen Haushalt entsteht ständig Wasserdampf, der von der Raumluft aufgenommen wird. In einem Haushalt mit drei Personen kommen leicht zehn bis fünfzehn Liter Wasser pro Tag zusammen. Das macht in zehn Tagen einhundert und in dreißig Tagen mindestens dreihundert Liter Wasser eine ganze Badewanne voll.

Etwas Theorie ist unumgänglich:
Es gibt zwei Arten von Luftfeuchtigkeit: Die absolute und die relative. Der Begriff *absolute Luftfeuchtigkeit* erklärt sich von selbst. Wenn ein Kubikmeter Luft 10 Gramm Wasser enthält, dann enthält er eben 10 Gramm.
Die *relative Luftfeuchte* ändert sich mit der Temperatur. Im Idealfall beträgt sie bei einer Raumtemperatur von 20 Grad höchstens 65%. Senken wir die Temperatur auf 16 Grad, so haben wir eine relative Luftfeuchte von 80%. Das geht weit über die sogenannte Behaglichkeitsgrenze von 65% relativer Luftfeuchte hinaus.
Wie viel Wasserdampf die Luft aufnehmen kann, bestimmt die relative Feuchtigkeit. Je höher die Raumtemperatur, desto mehr Wasser kann die Luft aufnehmen.
Darum hat in der Heizperiode eine Temperaturabsenkung von 21 auf 19 Grad auch Auswirkungen auf die Raumfeuchte. Wir fühlen uns plötzlich unwohl, da die relative Luftfeuchtigkeit nun bei 85% liegt.

Wichtig ist es, so zu bauen, dass die relative Luftfeuchte zwischen 55% und 65% gehalten werden kann. Das heißt, dass man einen großen Teil des Wassers in der Luft loswerden muss und zwar ständig. In bewohnten Räumen bildet sich fortwährend neuer Wasserdampf. Eine zu hohe relative Luftfeuchte bedeutet eine Gefahr von Schimmelpilz, der bei über 80% sogar in sehr kurzer Zeit entstehen kann.

Ein Beispiel:
Nehmen wir eine x-beliebige Wohnung. Wir verputzen die Innenwände und streichen alles mit Latexfarbe an. Wir haben moderne Fenster in unserer Wohnung, mit Gummidichtungen. Was haben wir damit erreicht? Wir haben einen wasser- und luftdichten Topf mit dicht schließendem Deckel. Der ständig entstehende Wasserdampf kondensiert an der kältesten Stelle im Zimmer. Wir können dämmen soviel wir wollen, eine Stelle

im Zimmer ist immer die kälteste. Darüber hinaus kriecht die Feuchtigkeit in die Inneneinrichtung der Zimmer, wie Möbel, Textilien, Teppiche, Betten etc.

Jetzt ist es an der Zeit mit einem Märchen aufzuräumen, das sich hartnäckig hält und insbesondere bei den Fachleuten nicht zu widerlegen ist: Das Märchen von der *Stoßlüftung.*
Die Stoßlüftung in der geforderten Länge von vier mal fünf Minuten am Tag vermag nur einen Bruchteil des Wasserdampfes zu entfernen. Um eine halbwegs ausreichende Entlüftung zu erreichen, sollte acht Mal pro Tag zwanzig Minuten lang stoßgelüftet werden. Aber was ist, wenn die Außenluft bereits eine relative Luftfeuchte von über 70% hat, was in Deutschland nicht selten der Fall ist? Da nutzt die beste Stoßlüftung nichts mehr. Es wird nur Wärmeenergie vergeudet und es kommt zu einer Feuchtigkeitskumulierung, das heißt die Luftfeuchtigkeit im Inneren und die in der Außenluft gleichen sich an. Wenn also zum Zeitpunkt des Fensteröffnens im Innenraum eine relative Luftfeuchte von 70% herrscht und außen eine Luftfeuchte von 75 %, dann gleicht sich die Feuchtigkeit im Innenraum der höheren, äußeren Luftfeuchte an. Nach dem Stoßlüften haben wir dann also im Innenraum ebenfalls eine Luftfeuchte von 75%! Das Stoßlüften hat also keine Verbesserung, sondern im Gegenteil eine Verschlechterung des Klimas gebracht, die dann durch weiteres Stoßlüften erst recht nicht mehr beseitigt werden kann.

Man kann die Effektivität der Stoßlüftung sehr leicht mit einem zuverlässigen Hygrometer testen. Nehmen wir einen realistischen Wert: Ein Schlafzimmer im Herbst am Morgen. Das Hygrometer zeigt 82% relative Luftfeuchte. Nach zehn Minuten Stoßlüftung ist die relative Feuchte auf 76% gesunken, weit entfernt von dem geforderten Wert. Hinzu kommt, dass die Stoßlüftung nur dann funktioniert, wenn die Innenraumtemperatur mindestens 2-4 Grad über der Außentemperatur liegt. Im Sommer funktioniert es überhaupt nicht. Selbst beim dauernden Fensteröffnen bleibt ein großer Teil der Feuchtigkeit im Haus gefangen. Außerdem fällt die, früher vorhandene Grundlüftung durch undichte Fenster heutzutage weg, da 85% unserer Bausubstanz bereits mit dichten Fenstern ausgestattet ist. Dadurch überschreiten die heutigen, täglichen Feuchtigkeitswerte die aus früheren Zeiten um mehr als 40%.

Im Merkblatt der Deutschen Energie Agentur, einem Ableger des Bundesministeriums für Wirtschaft und Technologie, stehen Sätze wie:

„Wände atmen nicht! Der Feuchtigkeitstransport durch die Wände ist – unabhängig davon, ob sie wärmegedämmt sind oder nicht – vernachlässigbar gering."

Oder: „Große Wasserdampfmengen muss man nach draußen entweichen lassen! Daher nach dem Duschen, Baden oder Kochen möglichst die betroffenen Räume lüften."

Oder: „Türen zu weniger beheizten Räumen geschlossen halten! So wird verhindert, dass warme, feuchte Luft in kühlere Räume eindringt und sich an kalten Wänden und Fenstern niederschlägt."

Oder: „Große Möbelstücke in ungefähr 5 cm Abstand von der Außenwand aufstellen. Große Möbelstücke, wie Schrankwände, behindern die Zirkulation der Raumluft. Sie können zur Bildung feuchter Ecken beitragen, wenn sie zu dicht an den Außenwänden stehen."

Oder: „Stark unterschiedliche Temperaturen in den Zimmern vermeiden. Unbeheizte oder weniger beheizte Räume sollten nicht durch die Raumluft anderer Räume mit beheizt werden. Der in der Luft des wärmeren Raumes enthaltene Wasserdampf würde die relative Luftfeuchtigkeit in den kalten Räumen schnell ansteigen lassen und könnte sich als Tauwasser an den kälteren Oberflächen der Wände absetzen."

Dies alles sind Originalzitate, die zeigen, dass das zuständige Ministerium die Sache mit dem Luftaustausch und dem Hausklima nicht verstanden hat. Woher bezieht das Ministerium seine Weisheit? Natürlich von Experten, woraus wir folgern können, dass die meisten Experten ebenfalls keine Ahnung haben. Wir haben gesehen, dass es im Sommer nicht klappt – im Winter aber auch nicht.

Nach Auffassung des Ministeriums atmen Wände nicht, sie spielen für den Feuchtigkeitstransport keine Rolle.
Die obigen Postulate sind als Dogmen formuliert und scheinen unabdingbare Wahrheit zu sein. Dass diese Postulate blanker Unsinn sind, erleben wir sofort, wenn wir in ein richtiges Blockhaus eintreten. Da gibt es keine Dampfsperren, keine Mineralwollen, da gibt es nur blankes Holz, das uns das bestmögliche Raumklima kostenlos liefert. Nehmen wir unseren gesunden Menschenverstand zur Hilfe, begreifen wir, dass die Postulate des Ministeriums nur dort Sinn machen, wo entsprechend gebaut wurde: modern, zeitgemäß und falsch.

Ein gutes Hausklima hängt natürlich sehr stark mit den verwendeten Materialien zusammen. In diesem Bereich hat sich ein Milliardenmarkt entwickelt, den die Industrie mit allen Mitteln zu verteidigen sucht und sich daher gegen Änderungen der Sichtweise sträubt. Vor 40 Jahren wäre bei Pilzbefall kein Hausbesitzer auf dic Idee gekommen, einem Mieter vorzuwerfen, er lüfte nicht genug oder gar falsch.
Heutzutage wird die Schuld den Bewohnern der eigentlich unbewohnbaren Immobilie in die Schuhe geschoben.
In vielen alten Bauernhäusern aus Holz heizt heute noch ein einziger gemauerter oder gekachelter Ofen das ganze Haus, ohne dass es zu negativen Auswirkungen kommt.

Der Vollständigkeit halber sei noch eine Methode genannt, mit der man neuerdings in der gehobenen Immobilienklasse arbeitet: Die motorunterstützte Dauerlüftung aller Räume, mit Filterung und Heizung der Zuluft und Wärmerückgewinnung aus der Abluft. Die Anlage ist elektronisch gesteuert, mit Wärme- und Feuchtigkeitssonden in jedem Raum ausgestattet und läuft 24 Stunden pro Tag. Dies ist aufwendig und teuer, hat aber den Vorteil, dass man so jedem Haus zu einem annehmbaren Klima verhelfen kann. Aber warum favorisiert das Ministerium diese Lösung? Wenn das mit der Stoßlüftung funktionieren würde, käme doch niemand auf die Idee, eine solch kostenintensive Investition zu tätigen. Irgendetwas scheint doch mit der Stoßlüftung im Argen zu liegen.

Zunächst die Investition – an das leise Surren und Zischen der Anlage gewöhnen sich die Bewohner schnell. Bei einem 120 qm Eigenheim mit Keller fallen allein für den Luftaustausch mindestens 2,8 - 3 KWh an. Das sind 67 KWh pro Tag, 2.010 KWh im Monat, 18.090 KWh pro Jahr. Bei € 0.19 pro KWh gibt das eine Summe von 3.437 € nur für den Luftaustausch. Hinzu kommt der regelmäßige Filterwechsel. Da hier mit Strom geheizt wird, ist die Zwischenschaltung einer Wärmepumpe unerlässlich, wofür leicht 40.000 € bis 50.000 € als Investition hinzukommen. Und das nur zum Lüften, ohne Heizung. Von hohen Wartungskosten ganz zu schweigen.

Aber warum ist es für die Experten so außerordentlich wichtig, an der Chimäre der Stoßlüftung festzuhalten?
Ganz einfach: Die Mineralwoll- und Plastikverarbeiter brauchen zur Erhaltung des beträchtlichen Umsatzes eine einleuchtende Idee, mit der sie den Menschen weismachen können, die entstehenden Wassermengen mit einfachen Mitteln aus den Räumen abzutransportieren zu können. Die Stoßlüftung hat sich so in den Köpfen festgesetzt, dass es oft unmöglich ist, die Stoßlüfter eines Besseren zu belehren. Auf diesem Sektor ist der stärkste Widerstand zu erwarten.

Fazit:
Für ein gutes Hausklima bedarf es folgender Eigenschaften:

1. Guter Wärmepuffer der Außenwände
2. Guter Luftaustausch
3. Ausreichende Wärmedämmung
4. Verhinderung eines Feuchtigkeitsstaus in den Räumen und in der Bausubstanz (s. Punkt 2)

Diese Eigenschaften sollte ein vernünftiges Baumaterial mitbringen, wobei Punkt eins die Auswahl der Werkstoffe leider erheblich einschränkt. Um Feuchtigkeitsstaus zu vermeiden, muss der Baustoff *hygroskopische Eigenschaften* haben. Mit anderen Worten: Das Material muss Wasser oder Wasserdampf aufnehmen und abgeben können, ohne seine Struktur zu verändern.
Holz und daraus hergestellte Zelluloseprodukte können bis zur zehnfachen Menge des Eigengewichts an Wasser aufnehmen. Bei Lehm ist es sogar das bis zu 20-fache des Eigengewichts. Wer einmal in einem Lehmfachwerkhaus oder einem Holzhaus gewohnt hat, weiß welch unvergleichliche Lebensqualität diese Bauarten bieten. Leider ist Holzhaus nicht gleich Holzhaus und Fachwerkhaus nicht gleich Fachwerkhaus. Darüber hinaus kann man praktisch jedes Haus durch falsche Dämmungen und Sanierungen oder Anstriche unbewohnbar machen.

Ich denke, Sie werden mir zustimmen, dass es besser ist, ohne elektronischen Firlefanz auszukommen und stattdessen preiswert, energieeffizient und vernünftig zu bauen und zu renovieren.

1.3.4 Die Materialauswahl

Die architektonische Gestaltung des Bauvorhabens hat einen entscheidenden Einfluss auf die Auswahl der Baumaterialien. Eigentlich sollte es aber eher umgekehrt sein. Man sollte sich überlegen, welche Architektur sich mit den gewählten Materialien am besten verwirklichen lässt. Folgen wir diesem Gedankengang, müssen wir die wichtigste Entscheidung sofort fällen: Mit welchem Hauptmaterial bauen oder renovieren wir? Auf alle Fälle muss nach den Auflagen der EnEV 2009 (Energiesparverordnung) ein Niedrigenergiehaus entstehen. Aber was ist das?

Die nachfolgenden Zeilen sind wieder den behördlichen Originaldokumenten entnommen:
„Das Niedrigenergiehaus ist als Haus mit einer Nutzheiz-Energie-Kennzahl kleiner 50kWh/m²a definiert. Darin wird ein um 30% niedrigerer Energiebedarf gefordert als in der Wärmeschutzverordnung von 1995 vorgeschrieben ist.
Dazu kommen

1. Wärmebrückenvermeidung,
2. Kontrolle der Luftdichtheit mittels Messung
3. eine Lüftungsanlage.

Für diese Eigenschaften wurde ein RAL-Gütezeichen definiert. Als Anhaltspunkte für die notwendigen u-Werte (früher k-Wert) können gelten:

- Außenwände: Etwa 1,2 W/m²K
- Fensterverglasung: 1,9 W/m²K,
- gesamtes Fenster: 2,2 W/m²K
- Decken und Dachschrägen: Etwa 1,15 W/m²K

Es sollte eine kontrollierte Wohnraumlüftung, mit Wärmerückgewinnung eingebaut werden! Der u-Wert (früher k-Wert) ist ein Maß für den Wärmedurchgang durch einen Bauteil und wird in W/(m²K) angegeben. Mit dem u-Wert wird ausgedrückt, welche Leistung pro m² des Bauteils auf einer Seite benötigt wird, um eine Temperaturdifferenz von 1 Kelvin aufrecht zu erhalten.
Je kleiner der u-Wert ist, desto besser, weil weniger Wärme durch den Bauteil geleitet wird. Der u-Wert kann aber nur die

Wärmeleitung beschreiben und dies auch nur im stationären Fall. Instationäre Vorgänge, Speicherung oder Wärmestrahlung werden dabei nicht berücksichtigt."

Bemerkungen:

Zu 1) Wärmebrückenvermeidung:

Als Wärmebrücke bezeichnet man einen Teil der Wärmedämmung eines Hauses, die an irgendeiner Stelle schlechter ist, als die übrige Dämmung. Dadurch ist es in diesen Bereichen kälter als an anderen Orten der Dämmung. Es kann sich dort Kondenswasser bilden. Typische Stellen sind Fenster incl. Zargen, der Fußboden und das Dach. Der gesunde Menschenverstand sagt, dass das Ziel, eine völlig gleichartige Dämmung an allen Stellen eines Hauses zu erreichen, utopisch ist. Es ist immer an irgendeiner Stelle kälter.

Zu 2) Dichtigkeitsprüfung:

Die heutige Bauwissenschaft geht davon aus, dass es erstrebenswert ist, in einem luftdichten Topf zu wohnen. Zur Prüfung der Luftdichtigkeit wird innerhalb der Wohnung ein Vakuum erzeugt, das für eine bestimmte Zeit erhalten bleiben muss. Nun ist es ganz klar, dass in einem Haus mit fachmännisch verklebter Dampfsperre das Vakuum länger erhalten bleibt, als in einem Fachwerk- oder Holzhaus. Das wiederum bedeutet aber nicht, dass der Topf ein besseres Wohnklima hätte – ganz im Gegenteil!

Zu 3) Lüftungsanlage:

Was geschieht eigentlich innerhalb des luftdichten Topfes? Die Menschen atmen, es wird Sauerstoff verbraucht. Schon nach kurzer Zeit herrscht im Topf akuter Sauerstoffmangel. Zusätzlich steigt die relative Luftfeuchte kontinuierlich an, die Bewohner beginnen zu frösteln. Es entsteht ein Hausklima, das unweigerlich zum Feuchtigkeitsstau, zur Pilzbildung und zu Erkrankungen der Bewohner führt. Die dort wohnenden Menschen fühlen sich unwohl und werden krank.

Da soll dann die Lüftungsanlage helfen. Genau hier wird der derzeitige Schwachsinn mit der Dampfsperre sichtbar. Weil man die Feuchtigkeit nicht aus dem Topf herausbekommt, soll eine Lüftungsanlage die Rettung sein. Offenbar ist keinem der Experten aufgegangen, dass man mit vernünftigen Baumaterialien und einer vernünftigen Bauweise alle Forderungen, die an ein Niedrigenergiehaus gestellt werden, auch ohne den technischen Firlefanz einer aufwendigen und teuren Lüftungsanlage preiswert erfüllen kann.

Wie wir im vorherigen Abschnitt gelernt haben, müssen die Hauswände Wasser aufnehmen können und wieder trocknen, ohne ihre Struktur zu verändern. Das schränkt die Auswahl an Baustoffen erheblich ein. Es gibt eigentlich nur zwei Materialien, die diese Forderungen optimal erfüllen: Holz incl. daraus gewonnener Zellulose und Lehmgemische. Aber diese beiden Baustoffe lassen wir auch hier zunächst außen vor, da sich der zweite Teil dieses Buches intensiv mit Holz und Lehm befassen wird.

Folgende Baustoffe kommen für den Wandaufbau noch in Frage: *Porotonsteine* oder *Porotonziegel* mit massiver Hohlraumfüllung aus vulkanischem *Perlit* oder ähnlichen Füllstoffen – keinesfalls Porotonziegel mit Mineralwolle oder Styropor als Füllstoff! – Backsteine und Klinker.

Wir können daher festhalten, dass die mit granulierter Lava verfüllten Porotonsteine (T8 oder T9) nach Holz und Lehm im Augenblick der drittbeste Baustoff sind.

Aber auch hier gilt: Poroton ist nicht gleich Poroton, denn dem am häufigsten verwendeten Porotonstein fehlt die Perlitfüllung. Dann gibt es Porotonsteine, die mit Mineralwolle verfüllt sind. Da die Steine dampfdurchlässig sind, wird sich die Mineralwolle mit Wasser vollsaugen und den Stein dauerhaft durchfeuchten. Die Wärmedämmung ist dann gleich null.

1.3.5 Wärmedämmung

Auf diesem Gebiet finden wir die gröbsten und auch folgenschwersten Fehler in Theorie und Praxis. Fast alle schwerwiegenden Mängel am Bau hängen mit der Dämmung zusammen.
Mit Wärmedämmung wollen wir erreichen, dass bei kühlem Wetter die Innenwärme möglichst nicht nach außen fließen kann, und nur ein minimaler Verlust entsteht. Als Maß für den Wärmeverlust hat man den k-Wert erfunden. Er wurde vor einigen Jahren durch den u-Wert ersetzt. K- und u-Wert sind demnach identisch. Je kleiner dieser Wert ist, desto besser ist die Dämmung. Der heutzutage geforderte Wert sollte zwischen 0,01 und 0,05 liegen.

Hierbei entsteht allerdings ein Problem:
Bei einer normalen Backstein- oder massiven Holzwand beträgt der tägliche Energiegewinn im Frühjahr und Herbst 145 Watt pro Quadratmeter an einer Südwand, an einer Ost/Westwand 110 W/qm und an einer Nordwand noch 65 W/qm. Diese kostenlose Energie geht durch die offiziell geforderte Dämmung vollständig verloren.

Die folgende Zeichnung zeigt, wie man sich im Allgemeinen die Wärmedämmung am Haus vorstellen kann:

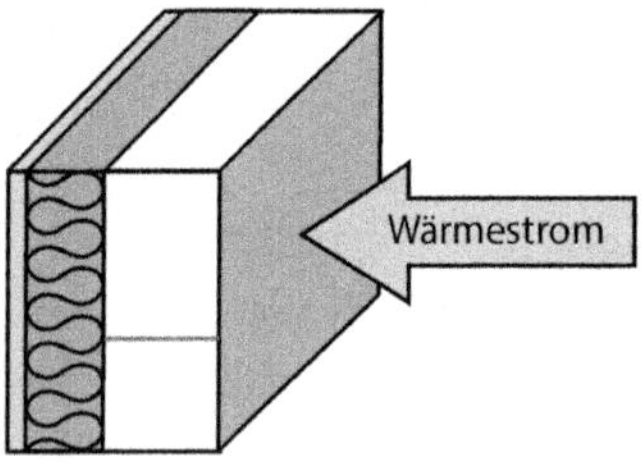

Sie sehen hier die Tapete, das Mauerwerk und dann die Dämmschicht (v. r.).

Ganz allgemein gilt:

Ein hoher U-Wert führt zu einem hohen Wärmestrom und damit zu hohen Verlusten, ein niedriger U-Wert steht für einen geringen Wärmestrom und damit geringeren Verlusten.

Nehmen wir an, die Tapete sei eine ganz normale, handelsübliche Tapete. Dann kann vor allem der Wasserdampf leicht in das Mauerwerk einziehen. Die Dämmung bewirkt ihrerseits, dass zwar nur wenig Wärme nach außen abfließt, lässt dafür aber den Wasserdampf an der kühleren Dämmschicht kondensieren. Das passiert auch dann, wenn das Dämmmaterial nach allen Regeln der Kunst mit Folie verpackt ist. Die Folge ist ein durchfeuchtetes Mauerwerk mit Pilzbildung an allen möglichen und unmöglichen Stellen, die die Wohnung über kurz oder lang unbewohnbar macht. Das größte Problem ist jedoch, dass die Baufirma trotz dieser Mängel alles richtig gemacht hat – die Vorschriften der EnEV wurden genau befolgt!

So geschieht es vereinfacht bei einer Außendämmung. Aber was passiert, wenn wir die Dämmung innen anbringen?
Dann haben wir außen gesundes Mauerwerk und innen zwei Möglichkeiten: Entweder den luftdichten Topf mit Kondensat an den Innenwänden, oder die atemaktive Dämmschicht, die den Wasserdampf bis zum Außenmauerwerk durch und dort kondensieren lässt. Das Endergebnis ist in beiden Fällen die Verrottung des Mauerwerks und Pilzbefall.

Im Folgenden zeige ich Ihnen einen weiteren wesentlichen Punkt auf, in dem Expertenrat und neue Studien auseinander driften: Wir Ökobauherren geben uns alle Mühe, der Umwelt zuliebe unseren CO_2- Abdruck möglichst gering zu halten. Aber wir wollen auch nachhaltig bauen und Geld sparen.
Leider ist die Sache mit dem u-Wert nicht so einfach, wie sie auf den ersten Blick erscheint. Es leuchtet ein, dass umso mehr Wärme eingespart wird, je besser (kleiner) der u-Wert ist. Doch bilden diese Laborbedingungen tatsächlich die Realität ab?
Die neueste Untersuchung des *Instituts für Gebäudeausrüstung* in Dresden kommt zu dem Schluss, dass ein neuer Heizkessel mehr CO_2 einspart als eine gesamte Gebäudedämmung.

Die wichtigsten Ergebnisse der Studie im Überblick:

- Der Kesseltausch ist in punkto Anschaffungskosten und CO_2 – Einsparung effizienter als eine Gebäudedämmung.
- Mit *Erdgas-Brennwerttechnik* können Hausbesitzer ihre CO_2 – Emissionen am günstigsten reduzieren. Bei einer jährlichen Investition von 0,94 Euro pro eingespartem Kilogramm CO_2 liegen die Kosten weit unter dem Durchschnitt von 1,60 Euro. Zum Vergleich dazu: Bei einer Dämmung beträgt dieser Wert 9,11 Euro.
- Bei *Holzpelletanlagen* sind die CO_2-Minderungskosten mit 1,10 Euro ebenfalls relativ gering. Grund dafür ist vor allem die günstige CO_2-Bilanz des Energieträgers Holz. Die Anschaffungskosten für diese Heizung sind im Vergleich zu einer Erdgas-Brennwertheizung jedoch doppelt so hoch.
- Die größten Einsparpotenziale hinsichtlich des Energiebedarfs, der Energiekosten und der CO_2-Emission ermöglicht eine Kombination von Dämmung und Anlagensanierung. Diese ist in der Regel jedoch auch mit den größten Investitionen verbunden.

- Eine Heizungsmodernisierung zahlt sich schneller aus als eine bauliche Sanierung. Der Tausch eines Öl-Standardkessels gegen eine moderne Erdgas-Brennwertheizung rechnet sich bereits nach gut acht, eine Dämmung erst nach rund 43 Jahren.
- Beim Wechsel von einem Erdgas-Standardkessel zur Erdgas-Brennwerttechnik sind die Anschaffungskosten sogar bereits nach weniger als fünf Jahren gedeckt.
- Weitere Informationen und Download der Studie finden Sie unter www.ieu.de .

Doch das ist noch nicht alles: Das *Technologiezentrum der Universität Tampere* in Finnland hat eine Studie durchgeführt, bei der bestimmt werden sollte, inwieweit sich die im Labor errechneten Energieeinsparwerte mit der Wirklichkeit decken: Man hat fünf Häuser gebaut. Davon zwei mit und drei ohne Dämmung. Zwei in Leichtbauweise und zwei mit Massivwand, jeweils mit und ohne Dämmung. Das fünfte Haus wurde im Blockbohlenbau erstellt.
Alle Häuser haben eine ursprüngliche Wandstärke von 100 mm.
Im Folgenden hat man die Wärmedurchlässigkeit gemessen.
Dabei kam heraus, dass der tatsächliche Spareffekt bei der Leichtbauweise um 20% geringer war, als der errechnete Wert besagte. Bei der Massivwand aus Poroton war der Spareffekt sogar um 40% geringer als erwartet. Was bei einem Massivhaus mit einer Mauerstärke von 360 mm passiert, ist noch nicht erforscht worden.
Was aber war mit Haus Nr. 5, dem Blockbohlenhaus ohne Isolierung? Das Haus hatte in allen Belangen so gute Werte, dass es direkt bewohnbar war. Und das bei dem finnischen Klima!
An dieser Stelle sollen Sie, als Leser, Ihre eigenen Schlüsse über die drei Dämmmöglichkeiten ziehen.

Sie werden sich nun fragen, ob man denn unter diesen Bedingungen überhaupt und ohne Nachteile dämmen kann.
Ja, das kann man. Allerdings nur mit gewissen Einschränkungen.

So gibt es z. B. die *transparente Wärmedämmung* TWD. Hierbei wird zunächst eine schwarze Transfermasse auf das Mauerwerk aufgetragen. Danach folgt eine lichtdurchlässige Schicht mit niedrigem u-Wert. Dieser Verbund sammelt Sonnenenergie und gibt sie an das Mauerwerk ab. So lassen sich an einer Südwand etwa 12 Liter Heizöl pro Quadratmeter einsparen. Dem stehen allerdings die hohen Investitionskosten von 250 – 500 € pro Quadratmeter gegenüber. Ein weiteres Problem dieser Dämmart ist, dass wir uns auch hier Gedanken darüber machen müssen, wie wir die Luftfeuchtigkeit im Inneren des Hauses regulieren können.

Zum Schluss sei noch eine halbwegs gangbare Dämmmethode genannt: Die Verwendung von Zelluloseflocken (Ecovilla etc.) als Dämmmaterial. Zelluloseflocken werden aus altem Zeitungspapier hergestellt, das auf eine bestimmte Art und Weise behandelt wird. Dem ganzen werden dann noch Borate zugesetzt, um die Entflammbarkeit zu vermindern.
Das Material wird aufgeschüttet oder mit einem Spezialbläser direkt gegen die zu isolierende Wand geblasen, wo es sich von selbst verfestigt. Es hat alle Eigenschaften von Holz behalten, ist luft- und dampfdurchlässig und kann beliebig oft Wasser aufnehmen und wieder abgeben. Der u-Wert für 100 mm ist mit 0,22 zwar kein Spitzenwert, dafür sind die Zelluloseflocken aber auch ein annehmbarer Wärmepuffer.
Außerdem vermindert der tägliche Energiegewinn bei Massivwänden, in großem Umfang den Energieabfluss während der Nacht. Das spart Heizenergie und Kosten.

Fazit:

Die Nummer 1 unter den Baustoffen ist Holz, das alle wünschenswerten Eigenschaften besitzt. Dem folgt das Fachwerkhaus mit einem Lehmgemisch als Mauerwerk und dann sind nur noch die Steine mit Perlitfüllung T8/T9/T10 empfehlenswert und energieeffizient. Die Materialauswahl ist also nicht besonders groß, denn alle weiteren, „modernen" Baustoffe sollten nur zweite Wahl sein, können aber durch eine Innendämmung mit Zelluloseflocken dahingehend verbessert werden, dass sie zumindest akzeptabel sind. Alle anderen Dämmstoffe sollten Sie vermeiden, insbesondere das Verpacken der Häuser mit Kunststoff jeder Art und die Verwendung von Mineral- oder Steinwolle. Diese Dämmungen führen unweigerlich und relativ schnell zu Schäden. Ein gutes Haus sollte eine Mindestnutzungsdauer von 200 Jahren erreichen und das ist mit „modernen" Dämmstoffen definitiv nicht möglich.

In diesem Bereich bedarf es allgemeines, radikales Umdenken, vor allem in Expertenkreisen. Denn Dämmungen mit Kunststoffen und/oder Mineral- oder Steinwollen sollten von vornherein als schwere Baufehler bewertet werden. Bitte vergessen Sie nicht, dass die Baustoffindustrie und die, von ihr beeinflussten Experten bei dieser Ansicht aufheulen werden.

1.3.6 Das Fundament

Jeder gute Bau sollte auf einem guten Fundament stehen. Vor allem sollten wir uns vor Bauweisen hüten, die die Allgemeinheit befürwortet, denn auch hier schwirrt eine Menge Unsinn durch die Köpfe der Experten und Bauherren.

Die Hauptaufgaben eines Fundamentes sind:

- dem Haus einen festen Untergrund geben
- Wasser vom Haus fernhalten

Diese Aufgaben können wir am besten lösen, wenn wir das Haus erst gar nicht mit dem Boden in Kontakt bringen. Die alten Baumeister errichteten deshalb ihre Häuser auf Hügeln. Später setzten sie sie auf große Feldsteine, sodass unter dem Haus ein durchlüfteter Raum entstand. Dieses Prinzip sollten wir uns als Vorbild nehmen und unser Haus auf Pfeiler stellen. Auf gar keinen Fall sollten wir unser Haus jedoch ohne zwingenden Grund auf eine Betonplatte setzen!

Um unser Haus auf Pfeiler zu stellen benötigen wir zunächst ein Loch mit 350 mm Durchmesser. Dieses ist schnell bis in zwei Meter Tiefe abgebohrt. In einem Betonwerk lassen Sie sich runde oder eckige Pfeiler mit einer Länge von mindestens 2,50 Meter herstellen. Drei bis vier Meter Länge wären optimal. Wie viele Pfeiler Sie benötigen, erfahren Sie beim Statiker. In die Pfeiler muss genügend Stahl eingearbeitet werden, um sie vernünftig gegen Bruch zu schützen. An einem Ende des Pfeilers kommt mittig eine Gewindestange von 1000 mm Länge. 550 mm befinden sich im Beton und 450 mm ragen heraus. Besonderes Augenmerk legen wir auf den Servicekanal, der Zu- und Abwasser, Elektrokabel, Gas etc. aufnehmen muss. Dieser Kanal muss gut isoliert sein, um eventuelle Frostschäden zu vermeiden. Um Wasserschäden zu vermeiden muss an der tiefsten Stelle ein frostfreier Ablauf montiert werden. Sie müssen sicherstellen, dass dieser Abfluss nicht verstopfen kann.

In den meisten Fällen ist es außerdem besser, statt eines Kellers ein Nebengebäude (z. B. Garage) zu errichten.
Wenn Sie allerdings dringend einen Keller benötigen, so sollten Sie sich auf hohe Kosten einstellen. Der größte Fehler, den Sie als Bauherr machen können ist es, beim Keller zu sparen. Die Nachkosten werden Sie dann später in vielfacher Höhe überraschen.

Folgende Punkte sollten Sie beim Kellerbau unbedingt beachten:

1. Die Baugrube ist rundherum nach allen Seiten mindestens 1.100 mm größer auszuheben als der Grundriss.
2. Sie ist etwa 600 mm tiefer zu graben, als es die eigentliche Zeichnung vorsieht.
3. Die Baugrube wird mit 6 mm Folie abgedeckt.

4. Danach kommt eine Füllung der gesamten Baugrube mit einer Schicht von 150 mm Kies der Körnung 8-12.
5. Als nächstes wird die Drainage verlegt. Auf die Kiesschicht werden Drainagerohre mit einem Durchmesser von etwa 400 mm außerhalb des Grundrisses ringförmig verlegt. Quer durch die Mitte des Grundrisses läuft ein weiteres Drainagerohr. Alle Rohre werden angeschlossen. Dann stellen Sie sicher, dass das Wasser durch sie auch abläuft.
6. Jetzt wird die Baugrube mit 12-16er Kies auf eine Höhe von mindestens 200 mm über die Rohre aufgefüllt und der Kies verdichtet.
7. Auf die Kiesschicht wird jetzt das eigentliche Fundament gebaut. Als Trennschicht reicht ein normales Baufließ.
8. Ist das Fundament ausgehärtet, wird es mit zäh-elastischer, bitumenhaltiger Dichtungsmasse von beiden Seiten angestrichen.
9. In die, vom Fundament bestimmten Zwischenräume, kommt eine Lage mit 4 mm Bitumenpappe, die nochmals von oben mit Dichtmasse gestrichen wird. Darauf kommt dann eine zweite Lage Bitumenpappe.
10. Der ganze Grundrissbereich wird mit einer dünnen Schicht Sand verfüllt.
11. Zum Schluss folgen die Isolierung und der normale Fußbodenaufbau – Estrich, Beton oder dergl.
12. Von außen werden die Kellerwände mehrmals mit Bitumenhaltiger Dichtmasse bestrichen. Die Dicke sollte etwa 10-15 mm betragen.
13. Dann wird die Baugrube um die Kellerwand mit 12-16er Kies, mindestens 500 mm dick, bis zum Rand aufgefüllt.
14. Die Kiesschicht wird mit einer Elefantenhaut gegen das Erdreich gesichert.

Durch diese Maßnahmen haben wir einen durch und durch trockenen Keller. Alles Wasser kann ablaufen und es besteht keine Gefahr kapillarer Schädigungen. Wenn wir jetzt noch daran gedacht haben, jeden Kellerraum einzeln zu entlüften, werden wir dort niemals Probleme haben.

Vorsicht!

Achten Sie darauf, dass die vorgegebenen Fundamentmaße bis auf den Millimeter genau eingehalten werden! Beachten Sie, dass das Kreuzmaß stimmt! Achten Sie darauf, dass die Stützfundamente komplett fertig gestellt sind und achten Sie auch darauf, dass Höhen und Längentoleranzen eingehalten werden! Und bedenken Sie, dass nachträgliche Änderungen die Statik und die gesamte Konstruktion in Frage stellen können.

1.3.7 Die Außenwände

Über die Außenwände wurde das Wichtigste bereits gesagt. Sie müssen dampfdurchlässig sein und möglichst massiv. In Leichtbauweise ist ein guter Wärmepuffer nicht zu erreichen. Vorwiegend werden Leichtbauweisen bei Fertighäusern angewendet. Auch das Vorsetzen von Mauern und Wänden ist problematisch und verursacht auf Dauer massive Bauschäden. Dennoch findet sich diese Bauweise sehr häufig, vor allem in den USA und Schweden.

Wenn wir eine Mauer mit oder ohne Luftspalt vor die eigentliche Wand setzen, dann muss diese Wand absolut dampfsicher sein. Wenn sie das nicht ist, kondensiert der Wasserdampf trotz Hinterlüftung am inneren Teil der vorgesetzten Mauer und läuft in das Fundament und den unteren Teil der Wände. Ist die Wand dicht, so verbleibt ein großer Teil des Dampfes in den Räumen und führt dort zur Schimmelbildung.

Das Vorsetzen von Mauern und Wänden ist daher problematisch und führt fast immer zu schweren Bauschäden. Wie wir schon zuvor gelesen haben, kann die Dichtigkeit einer plastikverpackten

Wand nur für relativ kurze Zeit garantiert werden. Wird die Verpackung undicht, was nach einiger Zeit garantiert passiert, dann kommt es auch hier zu der oben beschriebenen Kondensation.
Es wird ein Rückbau und eine sehr teure Sanierung fällig. Sollte aber die Wand wider Erwarten dicht bleiben, so kann der Dampf nicht ausreichend abgeführt werden. Die Folge ist Schimmelbildung in den Innenräumen und allmähliche Unbewohnbarkeit des Hauses.

1.3.8 Das Dach

Es gibt zwei alte Weisheiten, die die Dachkonstruktion betreffen.
Die erste lautet: „Steiles Dach schützt vor Wetter und Ungemach", die zweite: „Das Wasser sucht sich seinen Weg".
Selbst mit den heutigen Materialien ist ein Flachdach auf Dauer schwer dicht zu halten.
Auch beim Dach ist nicht das Wasser, sondern zunächst die Sonne der größere Übeltäter. Unter der Sonneneinstrahlung wird Plastik mürbe, Verfugungen reißen, Farbanstriche platzen und dergleichen mehr.
Will man auf lange Zeit keinen Ärger mit seinem Dach, so sollte man ein Steildach wählen. Dabei gilt: Je steiler, desto besser.

In diesem Abschnitt möchte ich nur einige Prinzipien und den grundsätzlichen Aufbau des Daches besprechen.

Die Aufgabe des Daches ist es, das Haus gegen Regen, Schnee und Sturm zu schützen. Darum gilt: Je größer die *Dachtraufe* ist, desto besser ist das Haus geschützt. Dachtraufe ist die gängige Bezeichnung für den Überstand des Daches. An ihr befindet sich auch immer die Regenrinne, die für einen gezielten Ablauf des Regenwassers sorgt.

Wenn der Lichteinfall dadurch nicht behindert wird, sollten wir die Traufe so groß wie möglich gestalten.

Das gesamte Dach wird mit Holzfaserdämmplatten eingedeckt. Darauf kommt selbstklebende Bitumendachpappe. Darüber eine beliebige Konstruktion: Ziegelpfannen, Metall usw. In die Unterkonstruktion kommt dann noch eine zusätzliche Dämmung mit geeigneten Materialien(s. S. 28f. Dämmstoffe). Nochmals: Kunststoffe und Mineralwolle haben in einem Haus nichts zu suchen! Und: Ein Flachdach hat auf einem privaten Haus eigentlich auch nichts verloren!

1.3.9 Der Fußboden

Egal, ob wir auf Pfeilern bauen, auf einem Streifenfundament oder auf einem Keller, der Aufbau des Fußbodens ist im Prinzip immer der gleiche: Zuerst wird der untere Abschluss erstellt. Am Besten nimmt man generell, auch bei Steinhäusern, unbehandelte Kernholzbretter, bei denen der Splintanteil sorgfältig entfernt wurde. Dann kommen mindestens 200mm Isolierung aus Zelluloseflocken. Darauf dann der Fußbodenträger aus Beton oder Holz. Als Letzte Schicht folgt der eigentliche Boden mit oder ohne Estrich.

1.3.10 Außen- und Innenputz

Gipsputz kannten schon die alten Ägypter. Die Römer erfanden das Kalkbrennen und haben diesen Baustoff zur Hausverzierung genutzt. In der Front verbauten sie Marmor, an den Seiten Kalk- oder Gipsputz.

Da unser Hauptthema der Bau mit Holz ist, wollen wir das Verputzen nur kurz streifen. Holz wird nämlich auf andere Weise geschützt.

Für unser dauerhaftes Bauprojekt kommt nur Kalk-, Gips-, oder Lehmputz in Betracht. Die Nutzungsdauer liegt bei etwa 40 bis 60 Jahren. Lassen Sie sich keinesfalls Kunstharzputz oder Mischungen mit Kunstharz verkaufen, seien Sie kritisch. Ich kann nur nochmals wiederholen, Plastik und Kunststoffe haben am Bau nichts verloren. Argumente Ihres Malermeisters, wie „Das hält dann ewig!“, sollten Sie nicht dazu verleiten, Kunststoffe oder Plastik an und in Ihrem Haus zu verwenden.

1.3.11 Die Tapeten

Das gleiche Argument wie oben gilt auch für die Verkleidung der Innenwand. Es ist nicht gleichgültig, aus welchem Material und mit welchem Kleber gearbeitet wurde.
Wollen wir kurz einen Blick auf die Geschichte der Tapete werfen: Die Tapete im eigentlichen Sinne kam etwa im Jahr 1510 aus China nach Europa. Vorher sind die Fürsten und reichen Kaufleute mit ihren Wandteppichen und wertvollen Gobelins im Gepäck verreist. Denn die guten Stücke waren viel zu teuer, um sie an den Wänden hängen zu lassen, wenn der Besitzer nicht zu Hause war. Dann wurden im Orient die preiswerteren Ledertapeten erfunden, meist geprägt, in dunkelroter Farbe und mit Goldverzierungen. Doch um 1510 machten die Europäer Bekanntschaft mit den chinesischen Papiertapeten. Schon 100 Jahre später entstanden zuerst in Frankreich und kurze Zeit später auch im übrigen Europa die ersten Tapetenmanufakturen. Mit der Zeit und nach dem Stand der Technik entwickelte man Tapeten und Wandbekleidungen aus den unterschiedlichsten Materialien. Bis letztendlich auch Kunststoffe Einzug in die Tapetenmanufaktur hielten.

Beginnen wir mit den Tapeten, die man im eigenen Hause verwenden kann:

1.) die älteste und sicherste ist die Papiertapete. Wenn wir eine Papiertapete kaufen, müssen wir uns vergewissern, dass sie auch nur aus Zellulose besteht.
2.) Die echte Vliestapete. Die echte Vliestapete besteht aus einem besonders hochwertigen Gemisch von Zellulose und Textilfasern. Sie ist leicht zu verarbeiten und kann kleine Risse im Mauerwerk überbrücken. Sie wird trocken verlegt.

Es gibt auch Vliestapeten mit Kunststoffverstärkung. Diese sollten Sie unter allen Umständen vermeiden.

3.) Die Raufasertapete, die 1864 von dem Wuppertaler Apotheker Erfurt erfunden wurde. Sie besteht aus drei Papierschichten, in die feine Holzspäne fest eingearbeitet sind. Die Firma Erfurt & Sohn ist heute noch der weltweit größte Hersteller dieser Tapetenart. Aber auch hier Vorsicht! Es gibt heute auch viele ungeeignete Raufasertapeten mit Kunststoffverstärkungen.
4.) Stofftapeten. Hier muss man ebenfalls sehr genau untersuchen, ob in der Tapete Kunststoff verarbeitet wurde oder nicht.
5.) Andere Wandbeläge, wie Kork oder Paneele.

Für einen Hausbau kommen nur diese fünf Möglichkeiten in Betracht.
Dazu kommt, dass Sie nur Kleber aus 100% Methylzellulose ohne Beimischungen verwenden sollten. Alle anderen Kleber sind abzulehnen.
Methylzellulosekleber ist in Baumärkten oder im Baustoffhandel erhältlich.
Das Schlimmste, was Sie Ihrer Wohnung antun können, ist die Verwendung von Kunststofftapeten (abwaschbaren Tapeten) und das Überstreichen einer Raufasertapete mit Latexfarbe.

1.3.12 Das Heizen

Der Heizung und dem Heizvorgang selbst kommen bei der Betrachtung des Heizbedarfs eines Hauses ganz besondere Bedeutungen zu. Diesem Kapitel müsste man ein ganzes Buch widmen, deshalb möchte ich hier nur ein paar unbestreitbare Fakten nebeneinander stellen und dem Leser die Beurteilung überlassen:

- In mehreren Großversuchen, bei verschiedenen großen Wohnbaugesellschaften, hat sich gezeigt, dass die Heizkosten der gedämmten Häuser nicht von denen der ungedämmten unterschieden werden konnten.

- Die Investitionen für die Dämmung waren verlorenes Geld.
- Die Wohnblöcke mit Dämmung musste man nach kurzer Zeit von Grund auf sanieren, da sich innen und außen Schimmel gebildet hatte. Die Häuser waren unbewohnbar geworden.
- Viel stärker machten sich bei den Heizkosten die Heizmethoden der einzelnen Familien bemerkbar.
- Da gab es Leute, die tagsüber nicht zu Hause waren und „folgerichtig" die Heizkörper herunterregulierten.
- Dann gab es eine Gruppe, die die Heizung auf 18-19 Grad reguliert hatte und diese Werte 24 Stunden einhielt.
- Der Unterschied zwischen den Heizkosten betrug 24% zugunsten der Gruppe, die die Heizung angelassen hatte.
- Das kann auch gar nicht anders sein, denn der höchste Energieverbrauch entsteht, wenn man eine auf elf Grad abgekühlte Wohnung am Abend möglichst schnell auf 20 Grad aufheizen muss.
- Von den auftretenden Kondenswasserproblemen ganz zu schweigen.

Zusammenfassend folgt hier noch einmal der zentrale Grundsatz dieses ersten Kapitels: Kunststoffe, Folien, Mineralwollen etc. sowie Kunststoffputz oder Farben aus Kunststoff und Latex haben am Haus nichts zu suchen!

2 Das Blockbohlen- (Holz-)Haus

2.1 Holz als Baustoff

Holz hatte immer mit dem Vorurteil der Vergänglichkeit zu kämpfen, dabei ist Holz in unseren Breiten der Baustoff par excellence. Sei es in Blockbohlenbauweise oder als Fachwerkhaus in Kombination mit Lehm. Jahrhunderte alte Holzhäuser in bestem Zustand geben Zeugnis von der unvergleichbaren Qualität von Holz als Baustoff.

Die größte Holzkirche der Welt, in Kerimäki, wurde 1847 fertig gestellt und fasst 5000 Gläubige. Sie ist heute bereits über 160 Jahre alt und erstrahlt in alter Pracht.
Das *Grand Chalet Rossiniere* in Vaud (Schweiz) von 1314 n. Chr. ist über 700 Jahre alt, in bestem Zustand und in Besitz der Witwe des berühmten Malers *Balthus*. Es ist das größte Blockhaus der Welt mit 50 Zimmern und 150 Fenstern. Die Fassaden sind reich verziert.

Das alles spricht für die Dauerhaftigkeit der Holzkonstruktionen, wenn sie denn nach den Regeln der Kunst erstellt worden sind.

Es gibt aber auch moderne Gebäude, die die Vielseitigkeit von Holz unter Beweis stellen. So gibt es in Berlin beispielsweise ein modernes, mehrstöckiges Holzhochhaus.

In den asiatischen Ländern werden gewaltige Hochhäuser häufig vollständig mit Bambusstäben eingerüstet. Vorteile: Es ist haltbarer als Stahl, wiegt nur ein Zwanzigstel desselben und ist unvergleichbar elastisch.

Holz hat als Baumaterial insgesamt die meisten Vorteile gegenüber anderen Baustoffen:

- Die Produktion von Holz geschieht auf natürliche Weise im Wald.
- Dadurch hat Holz, im Vergleich zu anderen Baustoffen, die beste Ökobilanz.
- Holz hat auch ökonomische Vorteile: Die Bauzeiten sind kurz bis extrem kurz.
- Holz ist bis zu einem Faktor von 10, bezogen auf das Gewicht, stärker und elastischer als andere Baustoffe – Eisen mit eingeschlossen.
- Holz ist ein ästhetischer Werkstoff.
- Holz ist ein guter Wärmeisolator.
- Holz ist ein herausragender Wärmepuffer.
- Holz sorgt, wenn es denn richtig verarbeitet wurde, für bestes Hausklima.

Wir wollen hier nochmals die Vor- und Nachteile von Holz als Baustoff aufzählen.

Vorteile:

- Holz ist bei gleichem Gewicht um ein vielfaches haltbarer als Eisen oder Stahl.
- Holz ist dauerelastisch.
- Holz ist ein guter Wärmedämmer.
- Holz ist ein hervorragender Wärmespeicher.
- Holz ist hygroskopisch und kann bis zum Zehnfachen des Eigengewichts an Wasser aufnehmen.
- Holz kann großen Druckbelastungen standhalten.
- Holz kann man leicht reparieren.
- Wenn ein Holzbau fachgerecht errichtet wurde, kann das Gebäude die 1000 Jahresgrenze überschreiten.

Nachteile:

- Die Wärmeleitzahl für Holz liegt zwischen 0,14-0,18 W/(mK) und ist damit den neuen Porotonziegeln T8/T9 leicht unterlegen. Trotzdem macht die Gesamtzahl der oben angeführten Eigenschaften Holz allen anderen Bauwerkstoffen überlegen. Poroton ist zwar dampfdurchlässig, kann aber im Unterschied zu Holz keinen Wasserdampf aufnehmen.
- Holz ist empfindlich gegen Sonnenlicht. Starke Sonneneinstrahlung kann Holz geradezu zersetzen. Daher ist ein Schutzanstrich bei den meisten Holzbauten erforderlich.
- Da das direkte Sonnenlicht so gefährlich für Holz ist, sollte man keinesfalls Schindel- oder Reetdächer verwenden. Das hält bei Schindeln aus Lärchenholz maximal 30 Jahre. Danach muss das Dach neu eingedeckt werden.
- Bei Holz gibt es das Problem der Luft-Wassergrenze. Wenn zum Beispiel ein Teil des Holzes immer nass ist, der andere Teil aber im Trocknen liegt, kommt es im Bereich der Grenzzone unweigerlich zur Verrottung. Da hilft selbst eine Imprägnierung nicht. Auf Dauer verrottet der Gartenzaun an der Grenze zum Erdreich. Druckimprägnierung und sonstige Künste das Holz an dieser Grenze unverrottbar zu machen, helfen letztendlich nicht weiter. Ganz eklatant konnte man dieses Phänomen zum Ende des 19. Jahrhunderts erkennen. Die Rheinuferaufschüttung bei Mainz senkte den Grundwasserspiegel ab. Die Eichenpfähle, auf denen das Fundament des Doms über 700 Jahre lang geruht hatte, faulten und der Dom war akut einsturzgefährdet. 1909 begann man die Holzpfähle durch Beton zu ersetzen, das für diesen Zweck das richtige Material war.

2.1.1 Das Holzwachstum

Neues Holz wird von einer Wachstumsschicht, dem sogenannten *Kambium*, radial gebildet. Man bezeichnet diese Art des Wachstums als *Dickenwachstum*. Das Kambium trägt in der folgenden Abbildung die Nummer 5 und liegt zwischen dem Holz und der Rinde.

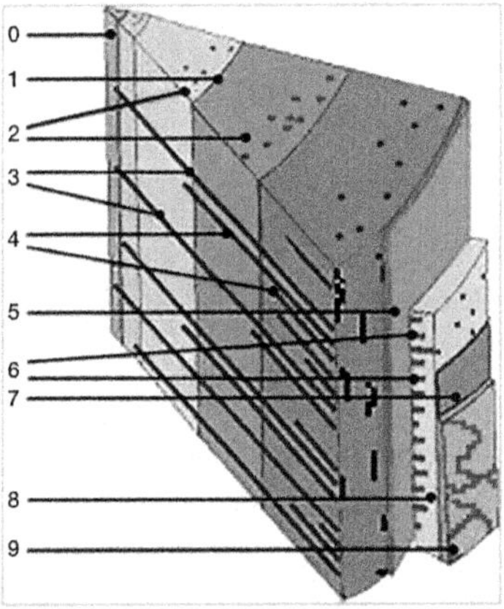

0 Mark
1 Jahresringgrenze
2 Harzkanäle
3 Primäre Holzstrahlen
4 Sekundäre Holzstrahlen
5 Kambium
6 Holzstrahlen des Bastes
7 Korkkambium
8 Bast
9 Borke

Die Abbildung zeigt die einzelnen Schichten eines wachsenden Baumes. Der Nahrungs- und Wassertransport erfolgt über das Kambium und den Bast.

Das Wachstum der Bäume findet in Jahreszyklen statt. Die *Ruhephase* liegt in unseren Breiten zwischen November und Februar, die *Mobilisierungsphase* im März und April und die *Wachstumsphase* liegt zwischen Mai und Juli. In dieser Zeit wird das weichere, sogenannte *Frühholz* gebildet. Die *Depositionsphase* liegt zwischen August und Oktober. In dieser Zeit wird das harte *Spätholz* (Herbstholz) gebildet. Diese zyklischen Wachstumsphasen sind auch der Grund für die Entstehung der bekannten Jahresringe.

Durch das kältere Klima in den skandinavischen Ländern, in Kanada und Russland verschieben sich dort die Wachstumsphasen der Bäume. Natürlich macht es demnach einen großen Unterschied, zu welchem Zeitpunkt ein Baum geschlagen wird. Wird er vor dem Zeitraum von Oktober bis November geschlagen, so sind die Längszellen vollständig mit Wasser gefüllt, was zu einer schlechteren Qualität und zu Schwierigkeiten bei der Trocknung führt.

In vergangenen Zeiten hat man beim Fällen sogar noch auf die Mondphasen geachtet. Das hat aber bei heutiger, professioneller Trocknung keinen Einfluss mehr.

Splintholz

Die äußere Schicht unter der Borke wird *Splintholz* genannt. Dieses Splintholz ist bei allen Bäumen von minderer Qualität und anfällig für Schädlinge und Pilze. Es muss demnach vollständig entfernt werden. Das gilt insbesondere für Eichenholz, da hier die Splintholzschicht sehr dick sein kann und sie so leicht zur Verrottung des Holzes führt.

Kernholz

Je älter der Baum ist, desto härter wird er gegen die Mitte. Das geschieht, in dem die Verbindungen zwischen den *Längszellen*, die sog. *Tüpfel*, verstopfen. Durch Einlagerung von *Harzen* und *Phenolen* werden die Zellen dunkler, fester und weniger anfällig für Pilze und Insekten. Man nennt das *Verkernung* des Holzes. Zum Hausbau sollte nur mindestens 40 Jahre altes Kernholz verwendet werden. Eine Ausnahme bildet jedoch die Robinie, da sie fast ausschließlich Kernholz produziert.

2.1.2 Der Chemische Aufbau

Holz besteht zu

- 40 – 50 % aus Cellulose
- 20 – 35 % aus Lignin
- 15 – 35 % aus Polyose
- 1 - 3 % aus sonstigen Bestandteilen

Cellulose (fachsprachlich, sonst Zellulose)

Cellulose ist eine hochkomplexe organische Substanz, deren Synthetisierung (künstliche Nachbildung) bis heute nicht gelungen ist. Sie ist der Hauptbestandteil pflanzlicher Zellen (Massenanteil 50%) und somit die häufigste organische Verbindung auf der Erde. Ihre Farbe ist silbrig hell. Cellulose hat hervorragende Wärmedämmungseigenschaften.

Lignin

Lignin ist der Kitt, der die Cellulosefasern umschließt und deren Druckfestigkeit garantiert. Seine Farbe ist bräunlich.

Polyose

Polyosen sind für das Netz verantwortlich, in das Cellulosefasern und Lignin eingearbeitet sind.

Sonstige Bestandteile

Sonstige Bestandteile sind eine Reihe unterschiedlicher Stoffe, wie Harze, Öle, Fette, Kautschuk und organische Säuren. Sie sind für die unterschiedlichen Farben, Gerüche und Oberflächen der jeweiligen Holzart verantwortlich.

2.1.3 Holztrocknung

Im Holztrockner wird das Material bei 70 bis 90 Grad Celsius getrocknet. Auch hierdurch können gewaltige Qualitätsunterschiede entstehen.

Beim Trocknen von Holz muss peinlich genau darauf geachtet werden, dass das Holz nicht nur außen trocknet. Daher wird das Trocknungsgut von Zeit zu Zeit mit Wasser beregnet oder es wird Wasserdampf eingeblasen. So erhält das Endprodukt einen trockenen Kern. Bleibt der Kern feuchter als die äußere Schicht, sind Verwerfungen und Risse unvermeidbar.

Die Lagerungstrocknung ist besser. Auch hier muss das Holz von Zeit zu Zeit beregnet werden, damit die Trocknung langsam und von innen heraus stattfinden kann. Doch leider wird dieses Verfahren nur noch in den seltensten Fällen angewendet, da die Unternehmen die notwendige Zeit von 2 bis 3 Jahren nicht mehr aufbringen können.
Je weniger Wasser das Holz zu Beginn der Trocknung enthält, desto besser ist seine Endqualität. Daher ist die Jahreszeit für das Baumfällen auch so wichtig – Spätholz ist wesentlich trockener als Frühholz.

2.2 Die Eignung der Holzarten zum Hausbau

Unter den physikalischen Eigenschaften versteht man bei Holz die Dichte, die Feuchte und die Wärmeleitfähigkeit.
Die Dichte ist holzartenabhängig, wobei die dichtesten nicht immer die am besten geeigneten Holzarten für Bauvorhaben sind. Das dichte Eichenholz zum Beispiel wird ganz allgemein als Bauholz überbewertet. Für Fenster ist Eichenholz sogar gänzlich ungeeignet. Die tropischen Hölzer werden wir hier aus ökologischen Gründen nicht erwähnen. Zum einen tragen auch wir Verantwortung für den Regenwald und zum anderen haben wir es auch gar nicht nötig, tropische Hölzer zu verarbeiten. Unsere heimischen Hölzer werden allen Anforderungen gerecht, wie Jahrhunderte alte Kiefernholzfenster beweisen.

Die besten Bauhölzer sind der Reihe nach:

1. Kelo-Honka Kiefer
2. Kelo-Honka Fichte
3. Robinie
4. Kanadische/ Nordische Kiefer
5. Kanadische/Nordische Fichte
6. Acetyliertes Holz
7. Lärche

8. Douglasie
9. Europäische Kiefer
10. Europäische Fichte

Später in diesem Kapitel werde ich die einzelnen Holzarten genauer erläutern.

Wie schon oben erwähnt, besteht *Kernholz* aus den inneren Schichten, die keine Bedeutung für das Leben des Baumes mehr haben. Sie haben vor allem stabilisierende Funktionen. Diese Kernschichten sind wasserärmer und fester als das darum liegende *Splintholz.*

Im äußeren Bereich, um das Kernholz herum, liegt die Schicht des *Splintholzes.* Hier spielen sich die Lebensvorgänge des Baumes ab: Wachstum, Wasser- und Mineralientransport. Daher ist Splintholz sehr anfällig für Schädlinge und Pilzbefall. Splintholz darf deshalb auf keinen Fall als Bauholz verwendet werden. Auch Bretter zur Verlattung müssen frei von Splintholz sein. Bei Eiche ist das sogar so brisant, dass der Splintholzanteil sofort abgetrennt und verbrannt oder zu Pellets verarbeitet wird.

Daneben spielt der *Zeitraum*, wann das Holz geschlagen wurde eine erhebliche Rolle bei der Qualitätsbeurteilung. Holz, das im Herbst/Winter geschlagen wurde, zeigt bessere Eigenschaften als Holz aus dem Frühjahr oder Sommer.

Das Winterholz hat bedeutend weniger Feuchtigkeit als das im Frühjahr/Sommer geschlagene Holz. Wenn man großes Glück hat bekommt man Winterholz noch in Schweden, Norwegen und Finnland. Kanadisches Holz wird meist von Frühjahr bis Herbst geschlagen. Das gilt in gewissem Umfang auch für Deutschland, die baltischen Staaten, Russland und die USA.
Es lohnt sich also, genau nachzufragen und eine bindende

Versicherung über Herkunft und Schlagzeit des verwendeten Bauholzes zu verlangen. Trotzdem muss man immer damit rechnen, dass man belogen wird. Im heutigen Normalfall muss man davon ausgehen, dass das Holz in einer Trockenmaschine künstlich getrocknet wird.

2.2.1 Kelo-Honka Kiefer / Fichte

Kelo-Honka kommt aus dem Finnischen und bedeutet soviel wie Tot-Holz. Es ist bis heute das beste heimische Bauholz, eine finnische Spezialität und nur von dort zu bekommen. Leider ist es auch in Finnland schwer erhältlich und sehr teuer.

Hergestellt wird es, indem man von der zu fällenden Kiefer/Fichte etwa 600 mm über dem Wurzelansatz um den Stamm herum etwa 300 bis 400 mm Rinde entfernt. Dadurch wird der Baum nicht mehr versorgt und stirbt ab. Man lässt ihn dann ca. 3 bis 4 Jahre auf dem Stamm trocknen und fällt ihn erst danach. So erhält man ein Holz von außerordentlicher Stabilität, fast quellungs- und verwerfungsfrei und praktisch immun gegen Schädlinge und Pilzbefall.

2.2.2 Die Robinie

Es gibt viele Arten von Robinien, von Sträuchern bis hin zu 25 Meter hohen Bäumen. Im 17. Jahrhundert hatte Jean Robin die königlichen Gärten mit den ersten „falschen Akazien“ verschönert. Die ältesten Robinien, 1675 gepflanzt, stehen noch heute im Botanischen Garten Leipzig und in Britz, nordöstlich von Berlin. Die Robinie stammt ursprünglich aus dem Südosten der USA und Mexico. Sie ist ein wahrer "Wunderbaum" und gehört zu den Hülsenfrüchten, wie Erbsen und Bohnen. Die Robinie ist sehr anspruchslos, wächst schneller als die Pappel, bindet mehr CO_2 als alle anderen heimischen Bäume, eignet sich hervorragend zum Erosionsschutz und zur Aufforstung schwieriger Landschaften und sie hält Temperaturen von -50 bis +60 Grad aus. Die *robinia rectissima* wächst praktisch ohne Äste kerzengerade in den Himmel, erreicht Stammdicken von bis zu einem Meter und besteht zu 96% aus Kernholz.

Zu all diesen positiven Eigenschaften kommt noch hinzu, dass ihre Qualität und Dichte als einzige heimische Holzart in etwa der von Teakholz entspricht. Das Robinienholz muss nicht extra behandelt werden, denn es ist von Natur aus gegen Sonne und Schädlinge geschützt. In Ungarn hat man vor 40 Jahren unbehandeltes Robinienholz zu Eisenbahnschwellen verarbeitet und verlegt. Diese Schwellen sind noch jetzt, im Jahr 2010, auf einer vielbefahrenen Strecke ohne Beanstandungen in Betrieb.
Leider hat unsere moderne Forstwirtschaft diesen "Wunderbaum" vergessen. Aber das war nicht immer so: Als wir noch Kolonien hatten, wurden große Gebiete von deutschen Forstleuten mit Robinien aufgeforstet, um Erdrutsche zu verhindern. Als Nutzholzbaum wurde die Robinie in Deutschland jedoch vergessen, denn es kam zu hartnäckigen Vorurteilen.

Insbesondere die riesigen Kaskadenblüten, die monatelang an den Bäumen hängen, lassen die Forstleute misstrauisch werden. In der Blütezeit sieht die Robinie nämlich eher wie ein Zierstrauch aus, als wie ein Nutzholzbaum. Und außerdem bildet sie erbsenartige Früchte. Durch die, von der Robinie beeinflusste Anreicherung von Stickstoff im Boden wird das ursprüngliche Trockenbiotop, in dem sie gepflanzt wurde, grundlegend verändert und fruchtbar gemacht. Die größten europäischen Robinienplantagen befinden sich in Ungarn und Bulgarien und spielen dort eine bedeutende volkswirtschaftliche Rolle.
In den USA wird die Robinie hauptsächlich zur Wiederaufforstung und zur Verfestigung von Tagebauflächen genutzt. Das Holz ist preiswert aber (bisher) nicht als Blockbohle zu erhalten. Ist es erst einmal in genügenden Mengen erhältlich wird es die Kelo-Honka

Hölzer sicher von ihrem ersten Platz verdrängen. Ein Nachteil beim Bau mit Robinienholz ist dessen Härte, die etwa doppelt so fest ist, wie die von Eichenholz. Daher kann man Robinienholz nicht einfach vernageln. Jedes Loch muss vorgebohrt werden. Auch kann Robinienholz nicht in allen Sägewerken verarbeitet werden.

Eigenschaften ausgewählter Holzarten *(Quelle treeland.de)*

		Schwingungs-koeffizient		Festigkeiten					
Holzart	Rohdichte Kg/m³	radial	tangential	Zug (axial)	Druck (axial)	Biegung (quer)	Schub (axial)	E-Modul N/mm²	Resistenzklasse DIN EN-350-2
Fichte	470	0,15	0,32	80	40	68	7,5	10000	4
Kiefer	520	0,15	0,3	100	45	80	10	11000	3 bis 4
Lärche	590	0,2	0,44	105	48	93	9	12000	3 bis 4
Birke	650			137	60	120	12	14000	5
Buche	690	0,19	0,34	135	60	120	10	14000	5
Eiche	670	0,15	0,26	110	52	95	11,5	13000	2
Esche	690	0,19	0,34	130	50	105	13	13000	5
Robinie	730			148	60	130	16	13500	1 bis 2
Sipo	590	0,22	0,25	110	58	100	9,5	11000	2
Azobé	1060	0,32	0,42	180	95	180	14	17000	1

In der obigen Tabelle sehen Sie, dass abgesehen von der Azobé, einem tropischen Hartholzbaum, die Robinie allen anderen, in der Tabelle aufgelisteten Holzarten überlegen ist.

Denn sie

- hat die höchste Rohdichte, ist daher bester Wärmespeicher.
- verträgt höhere Zug- und Druckwerte als die Eiche.
- ist biegfester als alle anderen Hölzer.
- verträgt höhere axiale Schübe als alle anderen.
- hat ein höheres Elastizitätsmodul als die Übrigen.
- ist das einzige heimische Bauholz in der Resistenzgruppe 1 bis 2.

Die Resistenzgruppen nach DIN EN 350-2 zeigen an, wie resistent eine Holzart gegen äußere Einflüsse (Wasser, Schlagregen, UV-Licht, Schädlinge) ist.
Nicht berücksichtigt wurden in der Tabelle die Kelo-Hölzer, die eine finnische Spezialität sind und die Eigenschaften der Robinie noch übertreffen.

2.2.3 Kanadische / Nordische Kiefer und Fichte

Die Vorteile der skandinavischen Schwestern von Kiefer und Fichte liegen auf der Hand: Im Unterschied zu den mitteleuropäischen Arten ist die Wachstumsphase kurz und sie wachsen auf Grund des kalten Klimas und des kurzen Sommers nur sehr langsam. Sie sind daher qualitativ um Klassen besser.
Bei der kanadischen Kiefer ist zu bedenken, dass sie nicht im Winter sondern im Sommer und Frühherbst geschlagen wird.

2.2.4 Acetyliertes Holz

Acetyliertes Holz ist Holz, das in einem besonderen Verfahren mit Essigsäure behandelt wurde (Markenname *Accoya*). Dadurch werden die Hydroxylgruppen im Holz in Acetylgruppen überführt. Es entstehen keine Giftstoffe. Enzyme können diesem Holz nichts anhaben, Insekten können die Essigsäureverbindungen nicht als Nahrung erkennen und verdauen und es ist unempfindlicher gegen Pilzbefall.

Da keine Giftstoffe in das Holz eingebracht werden, kann es problemlos recycelt werden. Durch die Acetylbehandlung wird das Holz der Haltbarkeitsstufe 1 zugeordnet und ist haltbarer als Teak. Als leichter Nachteil ist anzumerken, dass das Holz etwa 8% seiner Elastizität und Biegfestigkeit einbüßt. Trotzdem erreicht es noch immer bessere Werte als Stahl oder Alu.

Diese Brücke ist 2008 in Holland für den Schwerverkehr erbaut worden. 2010 wird eine zweite Brücke dieser Art fertig gestellt. Hier wurde auf Holzschutzmaßnahmen vollständig verzichtet. Das Holz kann für alle Baumaßnahmen verwendet werden.

With compliments from TITAN-WOOD Trademark © ACCOYA

Durch die Acetylierung verliert das Holz zu 75% die Fähigkeit Wasser aufzunehmen, was hausklimatechnisch zu einem Problem werden kann. In Holland wird dieses Holz von der Firma *Titan Wood* hergestellt. Der alleinige Importeur für *Accoya* in Deutschland ist die Firma *Enno Roggemann.* Es ist gut möglich, dass sich diese neue Holzart hervorragend für Fenster und Türen eignet.

2.2.5 Lärchenholz

Die Lärche ist ein heimischer Nadelbaum mit relativ hartem Holz. Es hat von allen heimischen Nadelbäumen die größte Dichte und kann theoretisch für alle am Bau vorkommenden Anwendungen genutzt werden. Vor allem findet es jedoch als Parkettholz Verwendung, wird aber auch für Terrassen und Schindeldächer gern genutzt.
Lärchenholz muss nicht unbedingt vor Sonne und Insekten geschützt werden. Es wird daher oft in Form von Naturholz verarbeitet.

2.2.6 Die Douglasie

Die Douglasie ist der wichtigste Wirtschaftsbaum in den USA und Kanada. Das Holz ist mittelschwer, fest und gut zu verarbeiten. In den ersten Jahren ist es ein schnell wachsender und die Bergdouglasie der am höchsten wachsende Baum. Einige Exemplare erreichen sogar eine Höhe von 100 bis 120 Metern.

Die normale Douglasie wächst bis auf eine Höhe von 40 bis 50 Metern heran. In ihren Eigenschaften entspricht sie in etwa der europäischen Kiefer. Das Holz hat breitere Ringe und ist weicher als ihre skandinavischen Verwandten. Nachteil ist, dass das Holz durch seine weichere Struktur und die breiten Jahresringe leicht reißt. Es kann sogar passieren, dass durch einen einzigen Nagel am Ende das ganze Brett aufreißt. Außerdem verträgt sich das Holz nicht mit Eisen. Es kommt zu mehr oder weniger starken Verfärbungen. Man sollte daher bei der Douglasie Nägel und Schrauben aus Edelstahl verwenden.

2.2.7 Europäische Kiefer / Fichte

Hier ist nur zu sagen, dass infolge des schnelleren Wachstums in den gemäßigten Breitengraden die Qualität nicht annähernd an die der arktischen Verwandten heranreicht.
Daher sollte man auf Douglasie und europäische Kiefer/Fichte beim Hausbau verzichten. Die Hölzer sind oft nicht fachgerecht getrocknet, verziehen sich leicht und die Blockbohlen neigen zur Rissbildung. Wahrscheinlich hat die allgemeine Skepsis gegenüber Holzhäusern hier sogar ihren Ursprung.

2.3 Die Entstehung eines Holzhauses

Es gibt sie noch, die mittelständischen Betriebe, die, wie in alten Zeiten, die Stämme mit Säge und Axt bearbeiten und so das typische Blockhaus errichten – aber leider nur noch sehr selten. Selbst die Holzhäuser, die aussehen als seien sie mit der Axt bearbeitet, werden meistens mit Hilfe von Behau-Maschinen hergestellt. Im Normalfall wird das Holzhaus direkt an einem Computer gezeichnet, der dann die Säge- und Fräsmaschinen automatisch steuert. Das ergibt Passgenauigkeiten auf den halben Millimeter, bei denen kein Meister mithalten kann.

Die Software und die Holzbearbeitungsmaschinen für diese Technik wurden vorwiegend in Finnland und Schweden entwickelt. Gleichzeitig werden mit Hilfe des Leitungs- und Installationsplanes die Bohrungen für Wasser- und Elektrizitätsleitungen vorbereitet.

Bereits im Jahre 1596 stellte der Schweizer Zimmermann Johann Keller noch heute geltende Regeln für den Holzhausbau auf:

- Die Dachüberhänge sollen breit sein, um das Haus zu schützen.
- Das Haus soll so hoch auf Steinen stehen, dass weder Schnee noch Spritzwasser die Wand erreichen können.
- Das Holz muss gut getrocknet sein.

2.3.1 Das Herrichten des Bauplatzes

Zuerst werden das Fundament und evtl. der Keller errichtet. Nachdem wir diese Aufgaben bewältigt haben, muss der Bauplatz für den Holzbau hergerichtet werden. In Zusammenarbeit mit der Lieferfirma wird auf dem Grundstück ein entsprechend großer, trockener Platz für die Lagerung des Bauholzes bestimmt. An einer anderen trockenen Stelle wird Platz für die Fenster, Türen und sonstiges Material geschaffen. Abdeckplanen, die meist von der Herstellerfirma zur Verfügung gestellt werden (Vertragspunkt), werden bereit gelegt. Mit der Herstellerfirma vereinbaren Sie außerdem, welche Art von Baugerüst verwendet werden soll. Bei eingeschossigen Einfamilienhäusern genügt meist ein auf der Baustelle aus Holz gezimmertes Gerüst, das dann später evtl. in Form von Brennholz entsorgt werden kann.

Ein leichter Kran, am besten mit Funksteuerung, muss für etwa 10 Tage gemietet werden. Ebenso muss für Energie gesorgt werden. Hierzu dienen Baustrom oder ein Generator, 30KW Leistung sind ausreichend. Außerdem muss die Wasserversorgung sicher- und eine Toilette (Porta-Potti oder dergl.) aufgestellt werden. Zum Schluss muss die Baustelle von Lehm und Erde aus der Zeit des Fundament-/Kellerbaus bereinigt werden.

Vorab unterscheiden wir beim Holzbau zwischen:

- Massivholzbau
    - A.) ohne Isolierung
    - B.) mit Isolierung
- Ständerbauweise
    - A.) Holzrahmenkonstruktion
    - B.) Fachwerkbau
        - B 1) Fachwerkbau mit Lehmauskleidung

2.3.2 Der Massivholzbau

a) Ohne zusätzliche Isolierung

Der Massivholzbau ist die Königsdisziplin für den Wohnhausbau. Doch auch hier hat die Neuzeit Einzug gehalten. Ganz selten nur, gibt man den Bäumen die nötige Zeit zum Wachstum.
Weil die Stämme zu früh geschlagen werden, sind die Blockbohlenwände oft zu dünn, um richtige Lasten tragen zu können und vernünftig zu dämmen. Daher verwendet man allerlei Tricks, um doch noch auf die geforderte Dicke zu kommen.
Viele Firmen liefern ihre Blockbohlen mit einer Schutzlasur. Sie sollten dringend vereinbaren, dass das Holz unbehandelt geliefert wird, auch dann, wenn viele einleuchtende Argumente für die Schutzlasur ins Feld geführt werden.

Arten der Blockbohlen

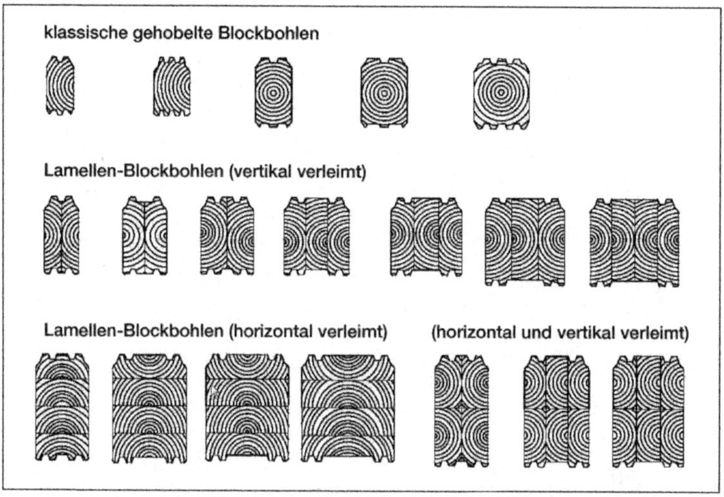

In der oberen Reihe sehen wir die klassischen, gehobelten Blockbohlen. Die stärkste Dicke, die von dieser Firma erhältlich ist, liegt bei 140 mm. Das ist gerade ausreichend für ein Haus nach EnEV. Für ein Passivhaus reicht es nicht. Es gibt aber genügend Firmen die Blockbohlen bis 360 mm liefern.

In der zweiten Reihe sehen wir die sogenannte Lamellen-Blockbohle. Die Lamellen sind vertikal verleimt. Trotz aller Beteuerungen der Hersteller haben wir hier eine effektive Dampfsperre, die bei der inneren Lamelle zu Wassereinlagerungen führt. Damit wird ein gutes Hausklima wirkungsvoll verhindert und spätere Holzschäden sind unvermeidlich.

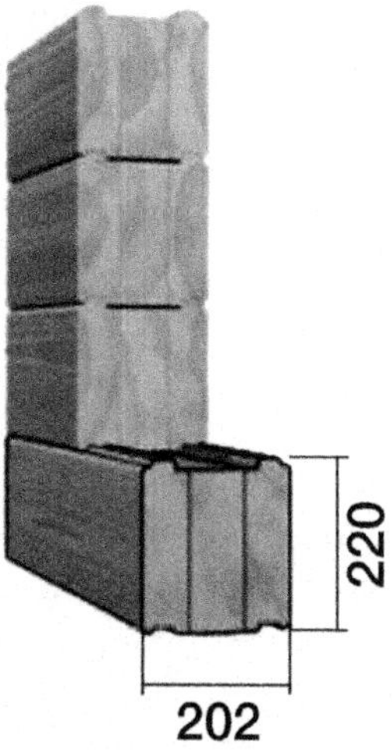

Diese Abbildung zeigt den Schnitt durch eine Lamellenwand, die vertikal verleimt ist. So sollte sie auf keinen Fall aussehen!

In der unteren Reihe der vorherigen Abbildung sehen wir vier horizontal verleimte Blockbohlen, wobei die einzelne Lamelle etwa 70 mm dick ist. Das ist für eine durchlässige Wand ausreichend. Ab einer Stärke von 190 mm sind diese Blockbohlen auch für ein Passivhaus ausreichend.

Erste Regel:

Die vertikale Verleimung kommt für den Hausbau nicht in Frage!

Zweite Regel:

Damit die Wand die Hauslast auch tragen kann, muss die Blockbohle mindestens 110 mm dick sein!

Dritte Regel:

Ein Haus nach EnEV muss eine Mindeststärke der Bohlen von 130 mm haben. Bei einem Passivhaus muss die Bohlenstärke 190 mm betragen.

Vierte Regel:

Klassische und horizontal laminierte Bohlen sind gleichermaßen für den Bau geeignet. Aber nur dann wenn das einzelne Laminatbrett mindestens 40 mm dick ist!

Laminiertes Holz hat einen großen Vorteil. Es reißt nicht und verwirft sich auch nicht. Hinzu kommt, dass die Setzung erheblich geringer ist als bei Vollholz.

Trotzdem sollten Sie, wenn Sie es in der geforderten Stärke bekommen können, das unverleimte Holz bevorzugen. Obwohl die Hersteller der Leime die ökologische Verträglichkeit ihrer Chemie immerzu bezeugen, bleibt der Klebstoff in meinen Augen vorerst ein Risiko. Wir haben schließlich noch keine ausreichenden Langzeiterfahrungen, um ein endgültiges Urteil über die Eigenschaften der verwendeten Leimsorten abgeben zu können.

In punkto Kostenaufwand ist zu sagen, dass dickere Blockbohlen natürlich teurer sind als dünne. Wenn man aber bei den dünneren die Kosten für die zusätzliche Isolierung inklusive der zusätzlichen Arbeitsstunden hinzurechnet, wird die Isolierungsvariante letztendlich sicherlich teurer sein als der reine Blockbohlenbau. Blockbohlen werden in der Regel in 6000 mm Länge gehobelt. Es kann aber sein, dass man zum Hausbau längere Maße benötigt. In diesem Fall müssen die Balken durch *Verblattung* verlängert werden:

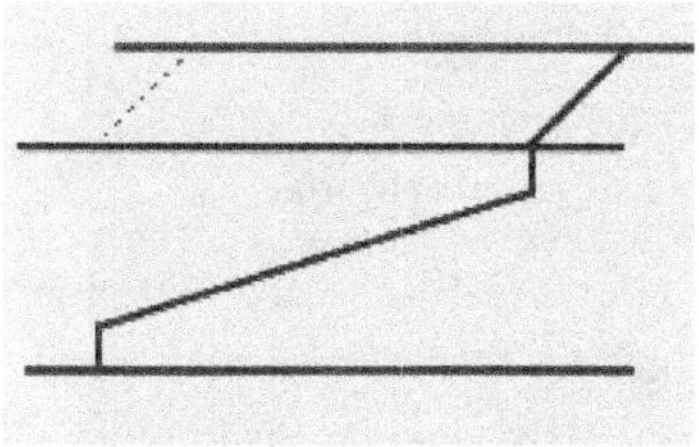

Die Abbildung zeigt eine einfache Verblattung. In einigen Betrieben ist es üblich, statt der gezeigten einfachen Verblattung, mehrere zu verwenden. Auf die Qualität hat dies keinen Einfluss. Nur muss man aufpassen, dass die Fabrik die Verbindungen so in die Wand einbaut, wie oben gezeigt. *Niemals senkrecht,* das würde die Bohlen dampfundurchlässig machen.

Beim Blockbohlenbau sind folgende Punkte unbedingt zu berücksichtigen:

Die Wahl des Fundamentes:

- Die beste Fundamentlösung ist der Bau auf Pfeilern. Dann muss aber an Stellen, die große Gewichte aushalten müssen, von unten hoch gemauert werden. Zum Beispiel um einen Kachel- oder Steinofen zu tragen. Auch der Schornstein muss von unten hoch gemauert werden.

- Das zweitbeste Fundament ist ein gut durchlüftetes Streifenfundament.
- Betonplatte und Keller sind schlechte Lösungen.

Die Finnen hören übrigens das Wort „Blockbohlenhaus" nicht gerne, da es sich bei der hier beschriebenen Bauart definitiv um echte „Blockhäuser" handelt.

Wahl des Holzes:

1. Kelo-Holz: Kiefer oder Fichte
2. Robinie
3. Nordische Kiefer/Fichte
4. Für acetyliertes Holz haben wir leider noch nicht genügend Erfahrungsberichte.

Wahl der Lieferfirma:

- Hier würde ich ganz klar einer finnischen Firma den Vorzug geben. Denn in Finnland gibt es Firmen, die computergesteuert Balken sogar bis in einer Dicke von 490 mm fräsen.
- Wenn Sie kein Kelo-Holz verwenden möchten und eine Firma finden, die Ihnen Robinie anbietet, so würde ich diese Firma nehmen.
- Lassen Sie sich schriftlich versichern, dass es sich auch wirklich um das angebotene Holz handelt.
- Lassen Sie sich außerdem versichern, dass die Trocknung bis zu einer Kernfeuchte von 18% erfolgt ist. 20% Kernfeuchte ist schon grenzwertig.
- Kontrollieren Sie oder lassen Sie schon während des Baus kontrollieren, dass alle Blockbohlen nach Plan miteinander verdübelt sind.
- Kontrollieren Sie außerdem, dass die Gewindestäbe an den vorgeschriebenen Stellen eingebaut sind.

Technische Probleme:

1. Eine vier Meter hohe Blockbohlenwand setzt sich, je nach Holzart und Trocknung, noch zwischen ca. 120 und 190 mm. Daher muss dafür Sorge getragen werden, dass über den Fenstern und Türen ein Hohlraum von mindestens 190 mm (besser 200 mm) bleibt. Sobald sich, nach frühestens zwei Jahren, die Wände in ihrer Endlage befinden, wird der verbleibende Hohlraum von 20 – 30 mm mit Zelluloseflocken ausgefüllt.
2. Ebenso muss berücksichtigt werden, dass bei Pfeilern wegen der Setzbewegung des Holzes Vorrichtungen geschaffen werden müssen, mit deren Hilfe man den Pfeiler kontinuierlich verkürzen kann. Das funktioniert beispielsweise mit einer Lage dünner Keile, die je nach Bedarf entfernt werden können, was dann die klassische Methode wäre. Oder man verwendet, wie heute üblich, rostfreie Gewindestangen, die je nach Bedarf korrigiert werden.
3. Alle festen Bauteile, wie zum Beispiel Gipskarton oder Paneele müssen so eingebaut werden, dass sich die Bohlenwand dahinter frei bewegen kann. Hierfür gibt es Spezialbeschläge.
4. Auch der Dachdurchlass am Schornstein muss so gestaltet werden, dass sich das Haus herum setzen kann.
5. Bei der Installation der Wasser-, Gas- und Elektroleitungen muss ebenfalls auf die Setzbewegung Rücksicht genommen werden, denn es darf nicht zu Spannungen in den Leitungen kommen. Es ist daher bei der Installation notwendig, einen Zimmermann zu Rate zu ziehen.
6. Alle zehn Jahre müssen Abdichtungen im Duschraum oder Bad kontrolliert und evtl. repariert werden.
7. Es finden sich immer wieder Experten, die behaupten, dass eine Blockbohlenwand nicht schlagwasserfest sei. Das ist zum

Teil zwar richtig, zum Großteil aber auch absolut falsch. Kelo-Holz und Robinie beispielsweise sind absolut schlagwasserfest. Für die nordischen Hölzer gilt dies zum Teil auch. Hier könnte unter extremen Bedingungen jedoch leichte Pilzschädigung (Bläue) auftreten. Dem ist aber mit einfachen Mitteln wirkungsvoll abzuhelfen. Im Kapitel zum Thema Holzschutz kommen wir darauf zurück.

8. Ein unabhängiger Aufseher sollte während der gesamten Aufbauzeit der Blockbohlen dafür sorgen, dass die Wände ordentlich verdübelt werden.
   Als Dübel verwendet man ca. 300 mm lange Rundstücke aus Birkenholz mit etwa 40 bis 50 mm Durchmesser. Diese Dübel werden in vorgebohrte Löcher zwischen den einzelnen Blockbohlenlagen eingeschlagen. Auf diese Weise werden die einzelnen Lagen zu einer festen Wand verbunden.
   Blockhäuser sind daher absolut sturm- und erdbebensicher.

Wahl der Fenster und Türen

Das mit Abstand beste Fenstermaterial ist Holz. Es werden die gleichen Holzarten verwendet, wie für den Hausbau. Kunststofffenster gasen noch Jahrzehnte nach Einbau giftige und krebserregende Chemikalien aus. Außerdem ist die Dauerhaftigkeit von Holzfenstern längst bewiesen. So gibt es voll funktionstüchtige Fenster, die über 500 Jahre alt sind. Innerhalb dieser Zeit sind Kunststofffenster längst verrottet.

Wichtig!

Bestellen Sie die Fenster unbehandelt und nehmen Sie die Behandlung selbst, oder lassen Sie sie durch einen zu beaufsichtigenden Fachmann vornehmen. Genauere Informationen zur Behandlung von Fensterrahmen finden Sie im dritten Teil des Buches.

Wahl der Nägel

Besonders an den sichtbaren Außenwänden sollten Sie unbedingt auf Edelstahlnägel bestehen, da bei der allmählichen Korrosion von verzinkten Nägeln sogenanntes Eisenoxyd entsteht. Das verursacht dann unschöne schwarze Punkte und färbt allmählich auch das angrenzende Holz schwarz.

Massivholzbau mit zusätzlicher Isolierung

Unter dieser Überschrift verbirgt sich vieles, was den Holzbau in Verruf bringen kann.

Doch beginnen wir zuerst mit den positiven Beispielen:

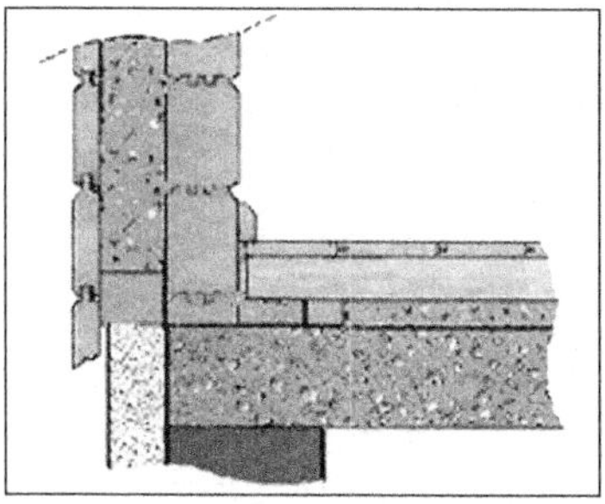

Hier sehen Sie ein Blockbohlenhaus mit einer Bohlenstärke von 110 mm. Dann folgen die Außenisolierung und eine Verlattung mit Nut und Feder im Stil einer Blockbohle. Sie sehen, dass das Isoliermaterial nicht in Plastik verpackt wurde, denn das Material besteht aus, mit Boraten behandelten Zelluloseflocken. Die Flocken werden mit einer Spezialmaschine eingeblasen. So erreicht man gute u-Werte (früher k-Werte), eine gute Isolierung und ein gutes Hausklima. Da sich die chemischen und physikalischen Werte der Zellulose und des Holzes kaum unterscheiden, bleiben die guten Holzeigenschaften erhalten. Der Luftaustausch erfolgt über die gesamte Wand.
So entstehen auch keine Kältezonen mit Kondenswasserbildung. Diese Zellulosedämmung nimmt Wasserdampf auf und gibt ihn wieder ab, genau wie Holz.

Für den Dachübergang ergibt sich dieses Bild (rechts): Auch hier hat alles seine Richtigkeit. Beachten Sie allein die Dicke der Dämmung unter dem Dach selbst.

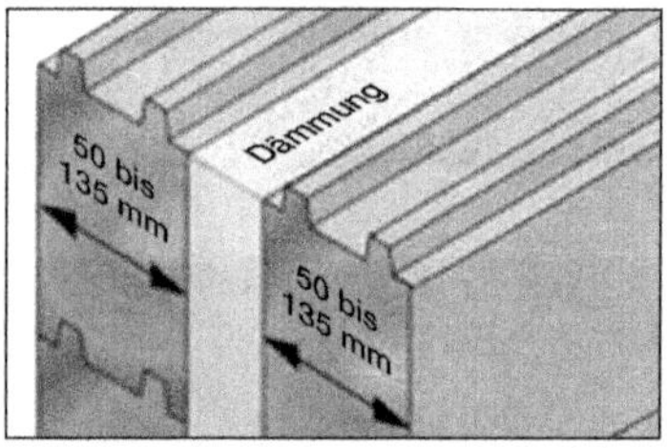

Natürlich gibt es auch die Möglichkeit, die Dämmung in die Mitte zulegen. Hier haben wir zwei Massive Holzwände mit einer Stärke von je mindestens 70 mm.

Ist die Gesamtwandstärke der Bohlen unter 110 mm, so ist die notwendige Stabilität unter Umständen nicht mehr gewährleistet. Auch hier muss die Dämmung zwingend aus Zelluloseflocken oder aus Weichfaserplatten aus Holz sein. Man könnte theoretisch auch alle möglichen anderen organischen Dämmstoffe nehmen, aber diese haben gravierende Nachteile im Vergleich zur Zellulose.

Im folgenden Bild sehen Sie nun ein sehr schlechtes Beispiel für eine angebliche Vollholzwand:

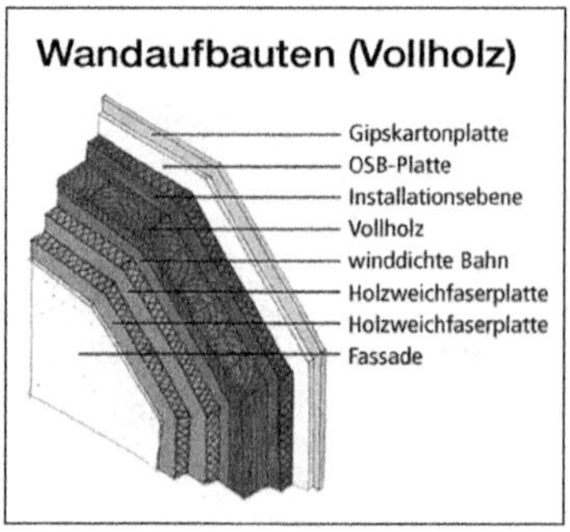

Obwohl sich diese Wand als Vollholzwand bezeichnet, weist sie keinerlei Eigenschaften auf, die für ein gutes Hausklima sorgen. Allein die Verwendung einer OSB-Platte macht die ganze Wand für den Bau eines Wohnhauses eher ungeeignet.

Ich zitiere aus *Wikipedia*:
„Die Spänestruktur verleiht der OSB-Platte ihr charakteristisches Aussehen, was sie nicht nur für die „unsichtbare" Verwendung, sondern auch für dekorative Anwendungsgebiete nutzbar macht. Zu beachten ist diesbezüglich die Auswirkung der Formaldehydausdünstung auf die Raumluftqualität. Die Rohdichte beträgt je nach Verwendungszweck der Platten etwa 600–700 kg/m³ und unterliegt produktionsbedingten Schwankungen."

Darüber hinaus ist die Dampfdurchlässigkeit durch den hohen Kleberanteil in der Platte stark eingeschränkt.
All diese Probleme sollten Sie kennen und beachten, bevor Sie Ihre Entscheidungen treffen.

2.3.3 Holzrahmenbau

Der Holzrahmenbau ist unter verschiedenen Namen bekannt. Man nennt ihn auch Holztafel- oder Holzriegelbau. Er ist die weltweit häufigste Bauweise für Ein- und Zweifamilienhäuser. So werden beispielsweise in den USA fast 80% aller Ein- und Zweifamilienhäuser auf diese Weise erstellt. Auch die meisten Fertigbau- und Schwedenhäuser sind nach diesem Prinzip gebaut. Diese, auch Ständerbauweise genannte Bauart erlaubt eine hohe Vorfertigung, sodass die angelieferten Teile auf der Baustelle nur noch zusammengesetzt werden müssen.

Was die Wände betrifft, so findet man hier eine riesige Auswahl von sehr guter bis völlig mangelhafter Qualität.

Die folgende Abbildung zeigt ein ganz typisches Beispiel für eine Wand im Holzrahmenbau. Das Einzige, was an dieser Wand biologisch ist, ist der Name der sogenannten *baubiologischen Fermazell Platte*. Nach allem, was Sie in diesem Ratgeber zuvor gelesen

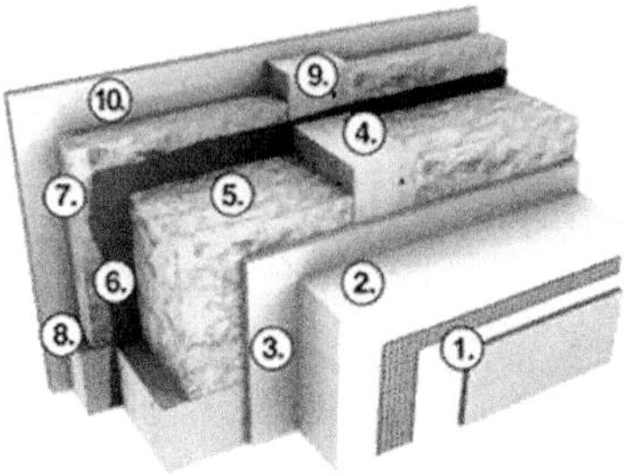

1 Putzsystem
2 Styropor 120 mm WLG 035
3 baubiologische Fermacellplatte 12,5 mm
4 Holzriegelkonstruktion 160 mm
5 Mineralwolle 160 mm WLG 035 im Gefach
6 PE-Folie
7 Luftschicht 10 mm
8 Mineralwolle 50 mm WLG 040 im Gefach
9 Lattung 60 mm
10 baubiologische Fermacellplatte 12,5 mm
U-Wert: 0,11 - Gesamtwandstärke: 370 mm

haben, müssen wir diese Wandkonstruktion nicht mehr weiter diskutieren. Als Bauherr sollten Sie solche Lösungen vermeiden, da auch hier gravierende Bauschäden vorprogrammiert sind.

Ganz anders sieht es bei diesem Wandschnitt aus: Wie Sie der Legende entnehmen können, hat die Anbieterfirma versucht, alles richtig zu machen. Wir haben eine einigermaßen akzeptable Lösung vor uns und können dementsprechend ein akzeptables Hausklima erwarten.

Fazit:

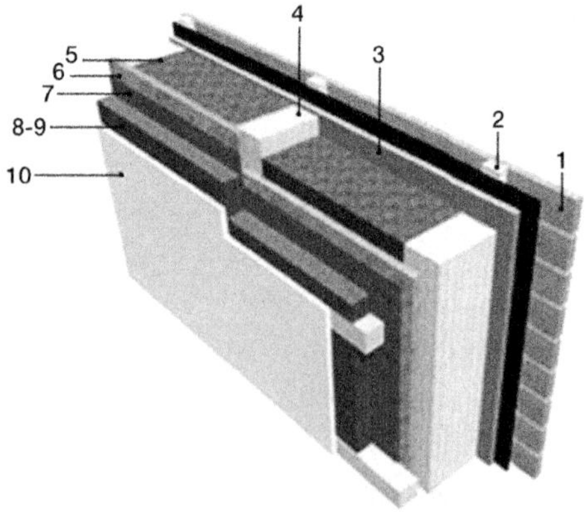

1. Schalung, Holzart/Holzprofi und Montagerichtung nach Wahl mit Edelstahlmaterial befestigt
2. Hinterlüftungslattung (inklusive Insektengitter), 30/50 mm
3. Holzwewichphaserplatte N+F as winddichte Ebene, bitumenfrei, 22 mm
4. Holzrahmenkonstruktion KVH Nsi, getrocknet, gehobelt, einheimisches Nadelholz, 60/180 mm
5. Schall- und Wärmedämmung, Zellulosedämmung, nach den Vorschriften setzungssicher eingeblasen, 180 mm
6. OSB-Platte für Wandaussteifung, fomaldehydfrei, 15 mm
7. Installationsebenen aus Holzrahmenkonstruktion KVH Nsi, getrocknet, gehobelt, einheimisches Nadelholz, 60/60 MM
8. Schall- und Wärmedämmung, Flachs (ohne synthetische Stützfaser), 60 mm
9. Natur-Gipskartonplatte, Endbeplanung, 15 mm mit Verspachtelung Qualitätsklasse Q2

Im Holzrahmenbau gibt es fast so viele Lösungen wie es Herstellerfirmen gibt, da hilft es nur die Prospekte zu studieren.
Von den Firmen, die in die engere Wahl kommen, lassen Sie sich am besten genaue Unterlagen über Ständerwerk-, Fußboden- und Wandkonstruktion geben.
Im Kaufvertrag sollten Sie sich dann bestätigen lassen, dass die Bauausführung auch genau den Prospektunterlagen entspricht. Sätze wie „baubedingte Veränderungen sind möglich" dürfen im Vertrag nicht auftauchen.

Das typische Schwedenhaus ist eine Holzrahmenkonstruktion mit vorgehängter Ziegelwand. Obwohl die Ziegelwand hinterlüftet ist, traten in Schweden, Norwegen und Dänemark schwerwiegende Schäden an den Häusern auf. Mit Hilfe von Steuersubventionen versucht man in Schweden viele dieser Häuser nachträglich zu sanieren. In Norwegen klagten 16.000 Hausbesitzer gegen ihre Herstellerfirma. Das schwedische Beispiel zeigt, dass sich der Staat durch seine fehlerhaften Bauvorschriften an der Misere mitschuldig fühlt.

Auch hier in Deutschland gibt es massive Probleme – verursacht vor allem durch geradezu abenteuerliche Bauvorschriften. Die Kunden der in Insolvenz geratenen *Firma Hebel* mussten das am eigenen Leibe erfahren. Wegen der immer mehr ausufernden Regressforderungen, geriet diese Vorzeigefirma in Verruf. Aber auch sonst prozessieren tausende von Hausbesitzern gegen Bau- und Herstellerfirmen – meist jedoch ohne Erfolg, denn die heutige Situation, nicht nur auf dem deutschen Baumarkt, ist fatal: Baufirmen planen und erstellen ihre Häuser nach heute geltenden Vorschriften und Regeln. Sie haben sich deshalb nichts vorzuwerfen, denn durch die neue EnEV werden Bauschäden geradezu generiert. Die von der Baustoffindustrie beeinflussten Fachleute, die als Experten durch das Land ziehen, sollten eigentlich schon seit langem gemerkt haben, dass an ihren Lehren längst nicht alles stimmen kann. Fest steht jedenfalls, dass keine Baufirma – vielleicht von ganz wenigen Ausnahmen abgesehen – mutwillig Pfusch produzieren würde. Denn wenn ein gerade erbautes oder sogar noch im Bau befindliches Haus plötzlich unbewohnbar wird, hat das schließlich auch gravierende Folgen für den Ruf der kleinen Baufirma und des Handwerksmeisters.

Infolge der offensichtlichen Bauschäden, die durch die moderne Bauweise verursacht werden und der massiven Klagen vor den Gerichten müsste doch mittlerweile jedem aufgegangen sein, dass die modernen Lehrmeinungen nicht korrekt sein können. Doch leider ist das noch immer nicht der Fall.

2.3.4 Holzskelettbau

Der Skelettbau ist eine Baumethode, bei der Stützen und Querträger die Träger des Hauses bilden. Im Unterschied zum Holzrahmenbau versteifen die Wände und Zwischenwände den Bau nicht. Wenn das Skelett steht, ist das Haus in seiner Grundstruktur fertig. Im Skelettbau sind beispielsweise auch die typischen großen Hochhäuser und Wolkenkratzer errichtet.

Es gibt Skelettbau aus Holz, Beton und Stahl.
Wir befassen uns hier aber nur mit der Skelettbauweise aus Holz. Diese Baumethode erlaubt dem Bauherrn oder Architekten große gestalterische Freiheiten. Denn wie im Rahmenbau gibt es auch im Skelettbau keine Setzprobleme. Überall dort, wo große Glasflächen gewünscht sind, werden sie vorwiegend im Skelettbau realisiert.

Im Unterschied zur Rahmenbauweise, bei der der Wandaufbau der Versteifung dient, ist diese beim Skelettbau nicht nötig. Ganze Wände können so einfach vor die Holzkonstruktion gehängt werden. Sie müssen dann auch nicht unbedingt aus Holz sein. Auch

Glas, Metall oder konventionelle Rahmen sind möglich. Bei der Verwendung dieser Materialien geht der Vorteil der Holzwand, als Garantie des ständigen Luftaustauschs und als Wärmepuffer, natürlich verloren. Tatsächlich ist es dann meistens so, dass das Haus, obwohl aus Holz gebaut, keinerlei Eigenschaften eines Holzhauses mehr aufweist. In diesen Wohnungen muss für Dauerlüftung gesorgt werden, denn – wie wir im ersten Teil gesehen haben – ist die Stoßlüftung absolut sinnlos.

Leider kann Ich Ihnen hier keine Anleitung darüber geben, wie die Lüftung im Einzelfall zu realisieren ist, da das den Rahmen dieses Buches deutlich sprengen würde. Gerade beim Skelettbau unterscheiden sich die einzelnen Häuser sehr stark voneinander und jedem Haus muss eine individuelle Lüftung angepasst werden.

2.3.5 Holzskelettbau mit Lehmmischung

(Klassisches Fachwerkhaus)

Lehm ist der älteste Baustoff der Welt. Seit etwa 9000 Jahren sind Lehmbautechniken bekannt. Große Gebäude, ja ganze Städte wurden aus Lehm errichtet.
So auch die große Moschee von Djenné in Mali, die dieses Bild zeigt:

Noch heute wohnt etwa ein Drittel der Menschheit in Lehm-

häusern.

Schon im alten Ägypten versetzte man Lehm mit kleingeschnittenem Schilf, was den Lehmstampfziegel extrem hart machte. Lehm gehört neben Holz zu den ältesten Baumaterialien und Bindemitteln.

Da in Mitteleuropa durch die vermehrten Regenfälle Lehm als alleiniges Baumaterial problematisch ist, hat sich hier das Lehmhaus in Form des Fachwerkhauses durchgesetzt. Es gibt über 500 Jahre alte Fachwerkbauten, die noch heute bewohnt und genutzt werden.

Lehm ist eine Mischung aus Sand, Schluff und Ton.
Schluff sind Sedimente von extrem kleiner Korngröße. Heute verwenden wir Lehm als Anschlämmung und in Form von luftgetrockneten Ziegeln. Es wird praktisch immer Zellulose zugesetzt, sei es als Schilf-, Strohhächsel oder in Form von Zelluloseflocken. Hat der Lehm einen hohen Kalkanteil, so spricht man von magerem Lehm. Hat er einen hohen Anteil an Ton, so spricht man von fettem Lehm.

Lehm hat von allen Baustoffen die meisten positiven Eigenschaften, denn er

- ist ein hervorragender Wärmespeicher.
- ist der beste Wärmepuffer.
- ist ein guter Dämmstoff.
- ist hygroskopisch.
- ist dampfdurchlässig.
- ist schadstofffrei und hautfreundlich.
- wirkt antibakteriell und hält Schädlinge fern.
- konserviert Holz, daher wurde als Skelettholz meistens Eiche

verwendet, die durch den Lehm vor Verrottung geschützt war.

- benötigt für die Herstellung im Vergleich zu anderen Baustoffen die geringste Primärenergie.
- schützt vor Elektrosmog.
- bindet Schadstoffe.
- kann bei Abbruch sofort wieder verwendet werden – es entsteht kein Sondermüll.

Lehm hat nur einen Nachteil: Die Aushärtung geschieht physikalisch und nicht, wie bei den meisten anderen Baustoffen chemisch, und ist bei Zugabe von Wasser jederzeit umkehrbar.
Lehm kann bis zum zwanzigfachen seines Eigengewichtes an Wasser aufnehmen. Dann besteht allerdings die Gefahr, dass er flüssig wird. Deshalb müssen Außenwände aus Lehm besonders geschützt werden.

Falls der Bauherr den Lehm aus einer Grube selbst entnimmt, ist es wichtig im Labor bestimmen zu lassen, ob das Material mit Giftstoffen belastet ist. Auch Lehm, der zu viel organisches Material enthält, neigt zur Schimmelbildung. Um die physikalischen Eigenschaften von Lehm zu verbessern erhält er zwischen 30 und 50% Beimengungen. Hierzu verwendet man Zelluloseflocken, Häcksel von Stroh, Schilf, Holz oder dergleichen.

Da der Lehm stark hygroskopisch ist, muss mittels der Bautechnik dafür gesorgt werden, dass weder Spritz- noch Regenwasser in größeren Mengen an die Lehmwand gelangen können. Außerdem sollte an den, der Witterung ausgesetzten Außenflächen ein Kalkputz zur Versiegelung aufgetragen werden.

Auf dieser Abbildung können Sie sehr gut das Holzgeflecht in

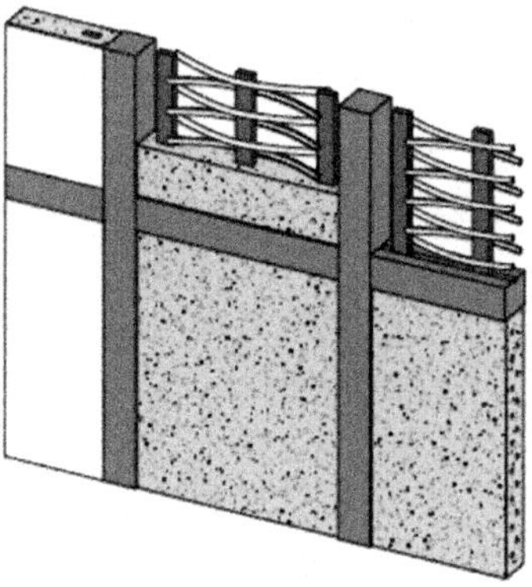

den Gelachen sehen. Hierauf kann dann sofort neuer Lehm für die nächsten 350 Jahre aufgetragen werden. Als Gelache werden die Felder zwischen Ständern und Querriegeln bezeichnet. Sie werden mit senkrechten Holzstäben bestückt und horizontal mit Weidengeflecht versehen. Dann wird das Geflecht von beiden Seiten mit Strohlehm beworfen. Der Lehm, der beim Trocknen stark schrumpft, muss mehrmals beidseitig aufgetragen werden. Die endgültige Oberfläche erhält die Wand durch einen Lehmputz. Auf die Außenwände wird Kalkputz aufgetragen, um diese wetterfest zu machen. Für das Ständerholz können praktisch alle Hölzer, inklusive Eiche genommen werden, da der Lehm das Holz konserviert.

Zum Abschluss dieses Kapitels möchte ich auf die Seite des Verbandes *Privater Bauherren e. V.* im Internet hinweisen: *http://www.vpb.de*
Unter der Rubrik *ABC der Gemeinheiten* sind alle möglichen Vertragsfallen aufgeführt. Es lohnt sich, die Zeilen auszudrucken und den eigenen Vertrag dahingehend abzuklopfen. So lassen sich nämlich bis zu 25% der Baukosten einsparen.

3 Holzschutz und Anstriche

Der Holzschutz spielt eine wichtige Rolle für den dauerhaften Erhalt eines Holzhauses. Deshalb empfehle ich Ihnen auch diesen Teil mit kritischer Aufmerksamkeit zu lesen.

Wie uns der Bestand an 700 Jahre alten Häusern zeigt, ist Holz als Baustoff besonders langlebig – viel langlebiger als unser moderner Stahlbetonbau. So müssen z. B. Brücken aus Stahlbeton spätestens nach 30 Jahren aufwendig grundsaniert werden.

Das heißt jedoch nicht, dass Holzbauten keiner Pflege bedürfen. Witterungseinflüsse, wie

- UV Strahlung der Sonne
- Regen
- Tauwasser
- Austrocknung

setzen dem Holz zu. Vor allem sichtbares Licht und UV-Licht führen zu einem photochemischen Abbau des Holzes. Aber auch ablaufendes Regenwasser bewirkt in unseren Breiten eine Holzabtragung von 0,01 bis 0,1 mm pro Jahr. Verursachen Regen- oder Tauwasser erhöhte Feuchtigkeit im Holz, dann wird es empfindlich gegen Insekten und Pilze. Trocknet Holz andersherum zu sehr aus, so kommt es zu unschönen Rissbildungen. Wenn Holz mit Erde in Verbindung kommt, dann besteht die Gefahr der Moderfäule und des Befalls mit Hausschwamm.
Sie sehen also: Es gibt jede Menge äußere Einflüsse, vor denen Ihr Holzhaus geschützt werden muss. Wie Sie das im Einzelnen am effektivsten erreichen, erfahren Sie in diesem Kapitel.

3.1 Natürlicher Holzschutz

Der natürlichste und beste Holzschutz ist die Auswahl des geeigneten Bauholzes:

- Sind geeignete Holzarten verwendet worden?
- Wie ist das Verhältnis von Splintholz zu Kernholz?
- Ist ein Kerntrocknungsgrad von 15 – 18% erreicht?

Der Grund liegt darin, dass geeignete Holzarten von Natur aus resistenter gegen Pilze und Insekten sind. Dabei stehen Kelo-Holz und Robinie an erster Stelle.
Am anfälligsten gegen Pilze und Insekten ist das Splintholz. Kernholz bietet den Schädlingen nur dann eine Angriffsfläche, wenn das Holz eine Kernfeuchte von 20 % überschreitet. Daher ist es dringend notwendig, dass Sie den Kerntrocknungsgrad im Vertrag schriftlich fixieren!

3.2 Bautechnischer Holzschutz

Unter bautechnischem Holzschutz versteht man

- das Abführen von Niederschlagswasser vom Haus
- die Vermeidung von Tauwasser auf den Bauteilen
- die Vermeidung von Erdkontakt.

Wenn wir auf den Keller verzichtet haben und unser Haus mindestens 500 mm über dem Boden steht, haben wir schon einen Großteil der nötigen Holzschutzmaßnahmen getroffen.

Übrigens: Die „Kelleritis", die für viele gravierende Hausprobleme verantwortlich ist, ist ein typisch deutsches Phänomen. Offensichtlich hält sich die Meinung vom Keller als billiger Raum hartnäckig in den Ansichten der deutschen Bauherren. Leider muss man sagen, dass diese Sicht absolut unsinnig ist. Denn ein guter Keller kostet viel Geld. Allein das Oberflächenwasser korrekt abzuführen stellt oft eine echte Herausforderung dar.

Die nächste, nicht nur in Deutschland übliche Vorgehensweise, ist es, das Haus auf eine Betonplatte zu stellen, denn eine Betonplatte ist billiger als die Pfahlgründung. Sie sollte aber eigentlich keine wirkliche Alternative darstellen, da Spritzwasser, Eis und Schnee bei dieser Bauart den Außenwänden bis zu einer Höhe von 600 -700 mm zusetzen können. Langfristig sind Bauschäden deshalb unvermeidbar. In schneereichen Wintern häufen sich beispielsweise rund um das Haus die Schneeberge an. Beim Abtauen drückt das Schmelzwasser dann von unten gegen die Betonplatte, die nach spätestens 10 Jahren undicht wird. Die Folge sind außerordentlich teure Probleme. Ich möchte Ihnen daher auch an dieser Stelle noch einmal die Pfahlgründung als Fundamentwahl ans Herz legen.

3.3 Unerwünschte Schäden und natürliche Verwitterung

3.3.1 Insektenschäden

Wenn Sie die Ratschläge auf den vorherigen Seiten beherzigt haben, wird sich dieses Problem bei Ihrem Holzbau nicht stellen – nicht jetzt und nicht in Zukunft.
Lassen Sie sich daher nicht durch verbreiteten Unsinn bezüglich Holzbock oder Holzwurm beirren! Der eine verträgt kein trockenes Holz, der andere mag kein Kernholz.
Also lassen Sie sich bitte nicht dazu verleiten, unnötige Chemie an die Wände zu kleistern. Es nützt wirklich nichts!

Der *Braune Fichtenbock* (Tetropium Fuscum) ist ein 12 mm langer Käfer, der oft mit dem Bauholz eingeschleppt wird. Wenn die Trocknungstemperaturen unter 50 Grad liegen, können die Maden das Trocknungsverfahren überleben und dann im Nachtrocknungsprozess schlüpfen. Danach wird dieser Käfer das Holz allerdings nicht wieder befallen. Er ist also völlig harmlos!

Auch der *normale Holzbock* befällt kein Kernholz. Darum ist es so wichtig, sich auch bei Lamellenholz zusichern zu lassen, dass für die Lamellen mindestens 90% Kernholz verwendet wurde. Wenn Sie aber einen alten Holzbau sanieren wollen, der von den Plagegeistern befallen ist, dann bleibt Ihnen nichts anderes übrig, als das faule Holz zu entfernen und durch neues zu ersetzen. Aber bitte unter Befolgung der, in den vorherigen Kapiteln erarbeiteten Regeln. Für das noch tragfähige Holz gibt es 2 Methoden, um die Insekten wirkungsvoll zu bekämpfen:

- *Die Heißluftmethode:* Hier wird das befallene Holz mit Speziallüftern bis zum Kern auf 55 – 60 Grad Celsius erhitzt. Diese Temperatur tötet alle Formen von Holzinsekten ab.
- *Die Begasung:* Hierbei wird das Haus in Folie eingepackt und für einen längeren Zeitraum begast. Wenn fachgerecht ausgeführt, sterben auch hier die Insekten zuverlässig ab.

Beide Methoden sind zwar teuer, dafür aber auch wirklich sicher. Bitte, lassen Sie sich niemals auf die neumodischen, chemischen Varianten ein. Die Insekten werden nicht zuverlässig abgetötet und Sie liegen dann nur im Clinch mit der ausführenden Firma. Bei einer Regressforderung haben Sie nur geringe bis gar keine Chancen, denn die Firma hat ja im Prinzip alles ordnungsgemäß erledigt.

3.3.2 Pilzbefall

Es gibt zwei Arten von Pilzen am Bau:

1. Die Schädlichen
2. Die Harmlosen

In der Gruppe der Schädlichen ist der *gemeine Holzschwamm* der am meisten gefürchtete.

Der echte Hausschwamm frisst praktisch das Holz. Seine Gefährlichkeit liegt zum einen in der Tatsache, dass er die Stabilität von Häusern zerstört – schon so manche Decke ist den Bewohnern auf den Kopf gefallen. Zum anderen siedeln sich sekundär Schimmelpilze an, deren Sporen dann über die Atemwege in den Körper gelangen und so zu einer echten Gesundheitsgefährdung führen können. Wenn der Hausschwamm zuschlägt, dann hat das betroffene Haus gravierende Konstruktionsmängel, meistens im Bereich des Kellers oder des Daches. Flachdächer sind besonders häufig betroffen.
Der Hausschwamm kann aber nicht nur Holz-, sondern auch Beton- und Ziegelhäuser befallen.

Daher gilt also auch in Bezug auf Pilzbefall:
Eine gute Konstruktion ist das beste Antipilzmittel.
In den, nach diesem Ratgeber erbauten Häusern spielt Pilzbefall keine Rolle, denn es kann einfach kein Pilzwuchs entstehen.

Die Harmlosen

Man könnte auch sagen, „die Gewollten". Das sind Pilze, die für die Patina an Außenflächen sorgen. Diese sogenannten Bläuepilze werden wir im Zusammenhang mit der Verwitterung unter der nächsten Überschrift behandeln.

3.3.3 Verwitterung und Farbe

Heutzutage wird das Bauholz meist mit einer Schutzlasur ausgeliefert. Richtig bauen heißt aber von den alten Baumeistern lernen. Daher gilt: Hat man ein neues Holzhaus gebaut, so sollte man erst ein bis zwei Jahre warten, ehe man den Schutzanstrich aufträgt. In dieser Zeit kann das Holz seinen endgültigen Trocknungsgrad erreichen. Dieser richtet sich ganz nach Klima, Temperatur und Wohngewohnheiten, denen das Holz ausgeliefert ist.

Die Farbe des Holzes wird durch die Zellulose und das Lignin bestimmt. Zellulose ist hellgrau, Lignin gelblich.
Schon nach wenigen Wochen fängt unbehandeltes Holz an, eine sogenannte *Patina* zu entwickeln. Das Holz beginnt mit der Zellulose grau zu werden, während das Lignin durch innere Oxydationsprozesse dunkel wird.

Leider haben wir in Mitteleuropa kein Auge für die Schönheit der natürlichen Patina. Viele Menschen finden sie sogar hässlich.

Verwitterung durch Photooxidation

Holzoberflächen sind meist relativ hell mit gelblichem Stich. Bereits nach wenigen Monaten beginnt der Prozess der natürlichen Verwitterung. Die Färbung geht ins Silbergraue. Die Photooxidation braucht für ihre Reaktionen Wasser. Ganz trockenes Holz (Kelo-Holz) ist bereits ergraut und gegen diesen Prozess weitgehend immun. Durch *Photooxidation* verliert ungeschütztes aber sonst gutes Bauholz an der Verwitterungsoberfläche zwischen 0,001 und 0,008 mm Substanz.

Um das zu verhindern und die ursprüngliche Holzfarbe zu erhalten, verwendet man UV-Lasuren, sogenannte Ultraviolett Lasuren oder Lacke. Man kann damit den Patinierungsprozess um drei bis vier Jahre verzögern, aufhalten kann man ihn dadurch allerdings nicht. Denn nur etwa die Hälfte der Photoenergie stammt aus den UV-Strahlen. Der Rest entstammt dem Spektrum des sichtbaren Lichts.

Wenn unser Haus über 200 Jahre ohne Anstrich seinen Dienst tut, sollten wir es nicht unnötig verbessern wollen und daher auf jegliche Art von Lasuren verzichten.
Interessant zu wissen ist übrigens, dass in den Lasuren und Lacken die gleichen Sonnenschutzsubstanzen enthalten sind, wie in unseren Sonnenschutzcremes.

Die oben genannten Häuser stehen allerdings in Skandinavien. In unseren Breiten können wir das Holz trotz allem leider nicht unbehandelt lassen. Es benötigt einen Schutzanstrich.
Durch den stärkeren Sonneneinfall trocknet das Holz sehr schnell, dann wird es durch Regen wieder befeuchtet und trocknet in der Sommersonne wieder blitzartig aus. Durch diese Zyklen bekommt das Holz Risse und die innere Struktur wird beeinträchtigt.
Es gibt mehrere Möglichkeiten, dieses Problem in den Griff zu bekommen. Wir werden das in den folgenden Kapiteln noch genauer diskutieren.

3.4 Die Holzschutzverfahren

a) Drucklose Verfahren
- Streichen und Spritzen
  - Tauchen
- Trogtränkung
  - Trogsaugverfahren
  - Kyanisieren
  - heiß-kalt Trogtränkung
- Osmoseverfahren
- Saftverdrängungsverfahren

b) Druckverfahren
- Volltränkverfahren
- Spartränkverfahren
  - Ruepingverfahren
  - Lowryverfahren
- Wechseldruckverfahren
- Boucherieverfahren

c) Perforierung

Die Fülle der Holzschutzverfahren ist groß. Die wichtigsten sind hier angeführt. Ich möchte diese jedoch nicht weiter behandeln, da alle Verfahren, das Holz zu gesundheitsschädlichem Sondermüll machen. Lediglich die unter a) aufgeführten Verfahren Streichen und Spritzen bilden eine Ausnahme und das auch nur unter besonderen Bedingungen.

Ich möchte in diesem Kapitel nicht jedes einzelne, mögliche Verfahren diskutieren, sondern Methoden anführen, die ohne großen Aufwand einen preiswerten Schutz garantieren.

3.4.1 Die Materialien für den Außenanstrich

Die Anstrichmaterialien sind in drei Gruppen zu gliedern:

- Die Lasuren
    - Dünnschichtlasuren
    - Dickschichtlasuren
- Die Lacke
- Farben (wobei wir unter Farben die gesamte Mischung verstehen, die wir in unserem Farbtopf vorfinden)

Bei allen drei Holzbehandlungsmaterialien handelt es sich dem Aufbau nach um das Gleiche: Bindemittel, Lösungsmittel, Pigmente, Zusatzstoffe.

Die Bindemittel geben den Farben, Lacken und Lasuren ihre speziellen Eigenschaften. Je nach Bindemittel unterscheiden wir zwischen Acrylfarben, Alkydfarben, Latexfarben, Kalkfarben, Kaseinfarben, Mineralfarben und Ölfarben.
Neuerdings wird auch nach dem Lösungsmittel unterschieden. Es gibt Farben, die organische Lösungsmittel, wie klassisches Terpentin enthalten und dann gibt es wasserbasierte Farben, wie zum Beispiel Acrylfarben.
Des Weiteren gibt es auch noch reine Chemikalien, die zum Anstrich und Holzschutz dienen. Das bekannteste Mittel ist Eisenvitriol, das den Vorteil hat, als Anstrich für den Menschen ungiftig zu sein. Wir werden später Eisenvitriol und seine Anwendung noch genauer betrachten. Nur so viel vorweg: Eisenvitriol ist der kostengünstigste Holzschutz und zudem sehr leicht in Eigenleistung zu verarbeiten.

Bindemittel

Die Bindemittel sind Flüssigkeiten, die sich an der Oberfläche des Werkstücks, durch verdunsten (Trocknung) des Lösungsmittels, verfestigen.

Das ist zumindest der Regelfall, aber es gibt auch hier Ausnahmen:

- Klassische Ölfarbe reagiert mit der Luft, nimmt Sauerstoff auf und wird dadurch fest.
- Bei der Zweikomponentenfarbe reagieren die beiden Komponenten miteinander.
- Kalkfarben trocknen, aber darüber hinaus wandeln sie auch den Kalk in einer chemischen Reaktion um.

Lösungsmittel

Die Begriffe Lösungsmittel und Verdünner meinen dasselbe. Die organischen Lösungsmittel sind in Verruf geraten, da sie sehr oft Benzin, Benzol und andere gesundheitsschädliche Kohlenwasserstoffe enthalten. Klassische Lösungsmittel wie echtes Terpentin enthalten keine schädlichen oder krebserregenden Stoffe! Wenn von *lösungsmittelfreien* Farben gesprochen wird, heißt das ganz einfach, dass das Lösungsmittel in diesem Fall Wasser ist.

Lösungsmittel für Außenanstriche sind dann nicht schädlich, wenn sie in akzeptabler Zeit völlig aus dem Bindemittel verschwinden. Akzeptable Zeit heißt hier, dass das Lösungsmittel schon nach dem ersten Sommer nach der Fertigstellung des Hauses vollständig verschwunden sein muss. Wohlgemerkt, das gilt nur für einen Außenanstrich!

Dann gibt es Farben, die unter dem *Öko-* oder *Biolabel* angeboten werden, bei denen das Lösungsmittel in der Farbe verbleibt und nicht verdunstet. Diese Farben sind im Gegensatz zu ihrem aufgedruckten Logo auf Dauer giftig und schädlich für die Hausbewohner.

Deshalb muss man leider sagen, dass auch bei Farben nicht immer Öko drin ist, wo Öko draufsteht!

Pigmente

Pigmente sind Teilchen, die die Masse, in die sie eingearbeitet werden, färben. Im Unterschied zu Farbstoffen, lösen sie sich in dem Bindemittel nicht auf.
Es gibt mineralische Pigmente, denen man den Vorzug geben sollte und es gibt sogenannte synthetische Pigmente. Bei synthetischen Pigmenten werden mineralische Trägerstoffe pulverisiert und mit flüssigen Farbstoffen eingefärbt. Bei der Herstellung der synthetischen Pigmente hat die sogenannte Nanotechnologie für große Fortschritte gesorgt.
Es folgt hier eine Liste von Pigmenten, bei der allerdings kein Anspruch auf Vollständigkeit besteht:

Natürliche Erden und Ocker Pigmente		**Oxydpigmente**	
Pigment	Preis pro Kilo in US $ Stand 2009	Pigment	Preis pro Kilo in US $ Stand 2009
Hell-gelber Ocker	21,56	Französisch Ultrmarin Blau	38,41
Dunkel-gelber Ocker	20,56	Zitronengelb	44,38
Havanna Ocker	20,81	Gelb 920	21,12
Brauner Ocker	20,81	Orange 960	21,12
Roter Ocker	20,81	Rot 140	21,12
helle Siena	22,56	Braun 610	21,12
Siena natur	22,56	Gebrannte Siena	25,52
Gelber Curry	25,37	natürliche Umbra	22,56
Aprikose	42,99	gebrannte Umbra	25,52
Brauner Ton	22,12	Nicosia Grün	30,16
Pistazien Grün	42,67	Gelb Natur	28,88
Türkis Grün	35,04	Rot Natur	28,88
Himmelblau	29,04	Schwarz Natur	24,67
Lavendel Blau	25,84	Schiefergrau	32,48
Zinngrau	33,82	Venetianisches Rot	68,08
gebranntes Umbra	20,56	Veronesische grüne Erde	37,32
Kolonial Rot	22,42		
Kolonial Violett	22,39		

Diese Pigmente sind feine Pulver, die mit dem Bindemittel vermischt werden. Das Bindemittel umschließt die Pigmentkörner und es kommt so zu einer deckenden Schicht.

Zusatzstoffe

Keine industriell hergestellte Farbe kommt heutzutage ohne Zusatzstoffe aus. Manchmal sind sogar bis zu 40 verschiedene Zusatzstoffe in einer einzigen Farbe enthalten.

Sie
- verhindern das Schäumen in Mischmaschinen.
- verhindern das Abtropfen vom Pinsel.
- verhindern Farbtränen.
- verhindern, dass sich die Pigmente am Boden der Dose absetzen.
- verhindern Verdickungen der Farbe in der Dose.
- sind Konservierungsmittel.
- sind Korrosionsschutzmittel.

Kalevi Järvinen, Meister der finnischen Malerzunft, ist der Meinung, dass die schlechte Qualität der heutigen Ölfarben allein den Zusatzstoffen anzurechnen sei.

3.4.2 Farben, Lacke und Lasuren

Die Zahl der Lack herstellenden Firmen ist schon riesengroß, multipliziert mit der Zahl der Produkte ergibt das eine unvorstellbare Menge unterschiedlicher Lacke.
Da mag es durchaus das eine oder andere Produkt geben, das unseren Ansprüchen genügt. Im Durchschnitt und der Überzahl aber eher nicht. Dennoch können wir einfach nicht sicher sein, welche Wirkungen das Produkt tatsächlich auf das Holz hat und wie giftig es für uns selbst ist.

Warum haben mit Ölfarbe gestrichene Fenster früher etwa eine Generation gehalten, bevor ein Neuanstrich nötig war? Warum verrotten heute innerhalb weniger Jahre die gleichen Fenster unter dem Schutz der neuen, modernen Farbe? Da laufen zwar keine Farbtränen mehr und die Farbe trocknet im Nu, aber vor allem verrottet das Holz durch die Unmengen an Zusatzstoffen direkt unter dem Schutzanstrich.

Es sind die modernen Anstriche, Lacke und Lasuren, die die Holzfenster in Verruf gebracht haben. In Deutschland und anderswo hat man mittlerweile die alten Holzfenster durch Kunststoff- oder Alufenster ersetzt. Alles nicht sehr ökologisch, wenn man sich den Energieaufwand bei der Herstellung der modernen, „besseren" Fenster anschaut. Kunststofffenster sind außerdem noch jahrzehntelang nach Einbau so giftig, dass man sie eigentlich ganz verbieten sollte.
Das Gleiche gilt für Lacke und Lasuren.

Auch dringen die modernen Anstriche relativ tief in das Holz ein und haften so gut, dass man die alte Farbe nicht mehr ohne weiteres entfernen kann. Schwere Beschädigungen der Holzoberfläche sind die Regel. Dazu gehört auch das Sandstrahlen, das die Holzoberfläche, je nach Luftdruck und Korngröße, bis in eine Tiefe von 5 mm zerstört. Nur dort, wo unter der Farbe, dem Lack, der Lasur das Holz gefault ist, blättert die Farbe ab und lässt sich leicht entfernen.

Wir haben bis jetzt über ölbasierte Produkte gesprochen. Das Gleiche gilt natürlich auch für die wasserbasierten Farben, Lacke und Lasuren.
Doch wie kommt es zu den Schädigungen? Es läuft fast immer nach dem gleichen Schema ab:

Durch Sonneneinstrahlung, Schlagwasser, Wind und Staubabrieb bilden sich feine Haarrisse in Lasur, Lack oder Farbe. Kapillare Kräfte saugen das Wasser an, das unter der Farbe nicht mehr vollständig trocknen kann. Pilze siedeln sich an und befallen die Umgebung des Haarrisses. Die darüber liegende Farbe platzt in längeren Rissen auf, noch mehr Wasser gelangt unter die Farbschicht und bietet so Pilzen und Insekten den perfekten Lebensraum. Das Holz verrottet.

Nachbar A spricht zu Nachbar B: „Ich hab es dir ja gleich gesagt. Holzfenster sind Mist. Wärst du nur meinem Rat gefolgt und hättest anständige Kunststofffenster genommen!“ Diese Art nachbarlicher Gespräche gibt es in vielen Baugebieten. So ähnlich könnte es auch in Bezug auf Styropor oder Mineralwolle klingen, aber das ist, wie Sie mittlerweile wissen, nichts als Pseudowissen.

Industriefarben mit qualitativ hochwertigen Materialien sind richtig teuer. Damit Sie nicht gezwungen sind, auf Billigprodukte aus dem Baumarkt auszuweichen, müssen Sie wissen, dass es Alternativen gibt.
Und genau die werde ich Ihnen im Folgenden aufzeigen.

3.4.3 Holzschutz wie er sein sollte

Rezepte der alten Holzfachleute

Mit Holzschutz wollen wir erreichen,

- dass unser Haus ästhetisch wirkt.
- dass unser Bauholz keinen Schaden nimmt.
- dass die Bausubstanz möglichst lange erhalten bleibt – mindestens über fünf Generationen hinweg.
- dass wir keinen Kampf gegen Pilze, Schimmel oder Insekten führen müssen.

- dass wir nicht in einem geschlossenen Topf wohnen müssen – Unser Holzschutz soll also in beiden Richtungen luft- und dampfdurchlässig sein.
- dass unser Außenanstrich mindestens 40 Jahre hält.
- dass die Farbe leicht wieder zu entfernen ist, falls es zu einer Reparatur kommt.
- dass der Holzschutz preiswert ist und man ihn einfach verarbeiten kann.

Das ist eine lange Liste von Forderungen, aber zum Glück brauchen wir das Rad nicht neu zu erfinden. Es gibt diese Mittel und es gab sie schon vor Jahrhunderten.
Wenn wir beim Bau bereits den natürlichen und konstruktiven Holzschutz beachtet haben, können uns Insekten und Pilze nichts mehr anhaben.

Hier möchte ich noch einmal die wichtigsten Grundsätze aufzählen:
- steiles Dach
- große Dachüberhänge
- ausreichend hohes Pfeiler- oder gut durchlüftetes Streifenfundament – keine Betonplatte!
- Gut drainierter Serviceschacht oder Lauf
- geeignetes, auf 15-18% kerngetrocknetes Bauholz
- keine Verwendung von Kunststoffen jeglicher Art oder Mineralwollen. Diese haben am Haus nichts verloren – das gilt für alle Häuser.
- Verwendung von Edelstahlnägeln und -schrauben im Außenbereich

Ein solches Haus müssen wir in Süd und Mitteleuropa nur vor der Photokorrosion schützen. Da reicht es nicht, UV-Filter in die Lasur, den Lack oder die Farbe zu mischen. 50 % der Korrosion geschieht durch das normale, sichtbare Licht und nur 50 % durch UV-Licht. Je weiter südlich das Haus steht, desto wichtiger ist ein guter Schutz. Bei sehr starker Sonneneinstrahlung, zum Beispiel in Spanien, wird die ungeschützte Holzoberfläche durch photochemische Vorgänge geradezu pulverisiert. Schutz mit den richtigen Mitteln ist daher besonders dort von großer Bedeutung, wo eine intensive Sonneneinstrahlung vorherrscht.

Holzoberflächen im Außenbereich dürfen niemals lackiert werden. Lackieren ist die sicherste Methode, das Holz zu zerstören! Das Gleiche gilt für Dispersions-, Alkyd- oder Latexfarben.
Auch industrielle Ölfarben sollte man bei Holz vermeiden.
Im Allgemeinen sollten Sie industrielle Produkte selbst dann meiden, wenn Bio oder Öko draufsteht.

Die Behandlung mit Holzschutzmitteln ist bei den nun zu diskutierenden Anstrichen vollkommen unnötig, ja sogar schädlich. Leider gehen immer mehr Holzlieferanten dazu über ihre Produkte vor der Auslieferung mit Holzschutzmitteln zu behandeln. Lassen Sie sich daher von der Lieferfirma vertraglich garantieren, dass sie *unbehandeltes* Holz erhalten, sei es für die Wände, die Fenster oder die Türen. Nehmen Sie sich die Zeit, Ihren Holzschutz selbst herzustellen. Gehen Sie davon aus, dass unsere heutige Malerzunft die einfache Kunst, Farben und Anstriche selbst herzustellen, leider nicht mehr erlernt.
Die Farbe selbst herzustellen spart Ihnen eine Menge Geld und schafft ein gutes Gewissen. Wir wollen schließlich alles daransetzen, die Verwendung von Umweltgiften zu vermeiden.

3.4.3.1 Eisenvitriol

Die Schutzwirkung von Eisenvitriol ist seit dem Mittelalter bekannt. Die Toxizität (Giftigkeit) entspricht etwa der von Kochsalz. Gleichzeitig ist es das billigste und das am einfachsten zu verarbeitende Holzschutzmittel überhaupt. Es wird meist in Paketen zu einem Kilogramm geliefert. Man löst 1 kg Eisenvitriol in 10 Litern heißem Wasser auf. Die Lösung bleibt dann für 12-14 Stunden stehen und ist danach gebrauchsfertig. Die wässrige Lösung wird mit einem Quastenpinsel reichlich aufgetragen. Sie bildet nach dem Trocknen einen gleichmäßigen dünnen, leicht grünlichen Film. Pinselspuren oder Farbtränen bleiben nicht zurück. Man kann Eisenvitriollösung mit einer Lasur vergleichen, die fast nichts kostet. Es ist sehr leicht und wenig anstrengend, auf diese Weise ein ganzes Haus in Eigenleistung zu schützen.

Wenn man eine leichte Farbtönung will, kann man Erdpigmente in kleinen Mengen beimischen. Das muss mit einem Bohrmaschinenaufsatz gemacht werden, denn von Hand wäre es problematisch die Pigmente gleichmäßig zu vermischen. Ein Eisenvitriolanstrich verhindert zuverlässig oberflächlichen Pilzbefall (Bläuepilze). Eisenvitriol hat den Vorteil, dass

1. man es immer wieder auftragen kann.
2. es als Unterlage für Kochfarben dienen kann.
3. es nie entfernt werden muss.

Leider gibt es auch einen Nachteil: Es schützt das Holz nicht genügend vor starkem Sonneneinfall. So wird der Schutz zwar in Norddeutschland noch ausreichen, in Süddeutschland aber bereits nicht mehr.

3.4.3.2 Teer

Mit Hilfe von *Holzteer* erhält man eine gut geschützte, schöne, dunkelbraune Holzoberfläche.
Holzteer erhalten Sie bei einer Köhlerei. Bei der Suche im Internet finden Sie unter den Stichworten *Köhlerei* oder *Holzteer* die entsprechenden Hersteller in Deutschland. Wenn es möglich ist, sollten Sie den Teer allerdings aus Schweden oder Finnland bestellen, da dort Fichten- oder Kiefernholz verkohlt wird während in Deutschland hauptsächlich Buchenholz verwendet wird. Der

daraus gewonnene Teer ist schwarz und von der Qualität her dem Teer aus Kiefernholz weit unterlegen. Den Teer vermischen Sie dann im Verhältnis 1:1 mit *venezianischem Terpentinöl* (echtes, wasserfreies Terpentin). Die Mischung ist sofort gebrauchsfertig.

Terpentinöl wird durch Destillation aus frischem Harz von Koniferen (Pinus) gewonnen. Der verbleibende Rückstand wird als Kolophonium bezeichnet. Auf keinen Fall dürfen Sie den Holzteer mit Lösungen mischen, auf denen zwar Terpentin draufsteht, die aber kein echtes, reines Terpentin enthalten. Echtes Terpentin ist sehr teuer und kostet etwa € 125,- pro Liter (Stand 2015). Mit Verdünner, Lack- oder Testbenzin zerstören Sie alle guten Eigenschaften des Holzteers!
Der Teeranstrich wird in Skandinavien schon seit Jahrhunderten erfolgreich als Hausanstrich verwendet. Der einzige Nachteil ist, dass der Teeranstrich eine lange Trockenzeit benötigt.

3.4.3.3 Teerfarbe

Möchten Sie einen schneller trocknenden Anstrich verwenden, so können Sie auf Teerfarbe zurückgreifen.
Dazu mischen Sie zu je einem Drittel *Holzteer, Firnis* und *Terpentin* zusammen. Firnis ist *Leinöl*, das 3 x 10 Minuten gekocht wurde. Zwischen den Kochphasen muss es aber immer richtig abkühlen. Dieser Mischung können Sie auch etwas Erdpigmente zufügen. Meiner Ansicht nach sind die Resultate, die Sie damit erzielen können, jedoch nicht überzeugend. Teerfarbe ist eigentlich der klassische Anstrich für Fenster und Türen. Nur gibt es hierbei halt keine richtige Farbauswahl.

Mit diesem Anstrich, der nach etwa 10 Jahren erneuert werden muss, können Sie eine unbegrenzt lange Lebensdauer einfachster Kiefernholzfenster erzielen. Das Verfahren ist einfach und billig, da Sie keine Farbreste entfernen müssen. Die neue Schicht wird einfach direkt neu aufgetragen. Zu beachten ist hierbei lediglich, dass immer nur eine dünne Schicht aufgetragen wird.

Allgemein gilt: Teer und Teerfarbe sollten immer dünn aufgetragen werden.

3.4.4 Holzschutz auf Ölbasis

Sie sollten sich gut überlegen, ob Sie sich für einen Holzschutz auf Ölbasis entscheiden. Die Standzeiten sind nämlich relativ kurz. Innerhalb von 12 bis 20 Jahren muss ein Anstrich auf Ölbasis, je nach Umständen erneuert werden. Manche Ölanstriche auch schon viel früher. Außerdem kann man auf den einmal mit Öl behandelten Oberflächen später keinen Anstrich mit gekochter oder Kaseinfarbe mehr aufbringen. Die Koch- und Kaseinfarben sind viel preiswerter als die ölbasierten und lassen wesentlich längere Nutzungszeiten, von bis zu 70 Jahren, erwarten. Im Laufe dieser Zeit verwandeln sich die Kochfarben in ein feines Pulver. Es wird abgebürstet und neue Farbe kann sofort, ohne weiteren Aufwand aufgetragen werden. Wir werden uns mit diesen Farben jedoch später noch intensiv beschäftigen. Fenster und Türen behandeln Sie am Besten mit selbst angefertigten, ölbasierten Anstrichen. Ölfarben sind sehr schwierig zu verarbeiten. Es gibt eine Fülle von Fehlern, die dann zu den schlechten Resultaten führen, die man im Allgemeinen vorfindet. Industrielle Ölfarbe wird meistens überhaupt nicht mit Leinöl hergestellt. Man verwendet da das sogenannte Standöl, das aus Kiefernöl, einem Abfallprodukt bei der Zelluloseherstellung, gewonnen wird. Auch Rapsöl kommt manchmal als Bindemittel in Frage.

3.4.4.1 Öllacke und Alkydfarben

Öllack wird durch das Kochen von Leinöl mit Baumharzen (Kolophonium), denen man das Terpentin entzogen hat hergestellt.

Öllack wurde erstmals im 17. Jahrhundert angewendet. Die durch das Harz glänzende Oberfläche wurde bei Möbeln sehr geschätzt. 1927 wurde das Alkydharz erfunden, das dann folgerichtig die alten Lacke abgelöst hat. Für Alkydfarben verwendet man heute kein Leinöl mehr. Es werden alle möglichen Abfallöle verwendet, die dann durch das Alkyd modifiziert werden.
Ich rate von der Verwendung von Alkydfarben jedoch dringend und grundsätzlich ab.

3.4.4.2 Leinöl

Leinöl ist die Basis für fast alle guten ölbasierten Anstriche. Das kommt daher, dass man das Holz im Prinzip auch mit Leinöl allein schützen kann.
Dazu besorgen Sie sich zunächst die gewünschte Menge kalt gepressten Leinöls, am besten direkt von einer Ölmühle, niemals von einem normalen Händler. Das Leinöl, das man dort als „reines Leinöl" verkauft bekommt, enthält in den meisten Fällen bis zu 30% Standöl oder Schlimmeres (undeklariert).

Besorgen Sie sich außerdem einen ausreichend großen Topf aus Alu. Für 10 Liter Leinöl benötigen Sie einen 20 Litertopf. 10 Liter Leinöl werden im Freien auf einer Feuerstelle zum kochen gebracht. Das Öl lassen Sie dann für etwa 10 bis 15 Minuten kochen. Danach muss es über Nacht abkühlen. Am nächsten Tag wird es nochmals zum Kochen gebracht. Nach der Abkühlung ist es dann fertig zur Verarbeitung.

Verwenden Sie niemals rohes, ungekochtes Leinöl!
Ungekocht verschimmelt das Öl und verklebt die Oberflächen.
Leinöl darf nur mit *echtem Terpentin* verdünnt werden. Leider bekommt man echtes Terpentin meist nicht in Baumärkten. Sogar im Fachhandel kann es schwierig werden. Man muss sich ganz genau versichern lassen, was man da kauft. Es genügt nicht, dass „Terpentin" auf dem Etikett steht.

Wenn Sie das Holz geölt haben, können Sie andere Anstriche, insbesondere Koch- und Kaseinfarben nicht mehr auftragen! Darum sollten Sie sich gut überlegen, ob überhaupt, und wenn ja, an welchen Stellen Sie das Holz ölen wollen.
Eine Ausnahme bilden Fenster und Türen, die Sie gerade mit diesem Typ Leinöl schützen sollten.

3.4.4.3 Ölfarbe

Zur Herstellung von Ölfarben bereiteten Sie zunächst Leinöl nach vorherigem Rezept vor. Diesem müssen Sie dann nur noch Pigmente beimischen. Um ein gutes Ergebnis zu erzielen, benötigen Sie einen Bohrmaschinenaufsatz, da das Vermischen von Hand nicht gründlich genug ist.

Für schnelleres Trocknen können Sie bis zu einem Drittel Firnis hinzugeben. Firnis ist 3 x 10 Minuten gekochtes Leinöl.
Bitte mischen Sie außer der Firnis und den Pigmenten nichts anderes bei!

Die gewonnene Farbe eignet sich hervorragend für Innen- und Außenanstriche. Sie muss allerdings an Außenwänden etwa alle 8 Jahre mit farblosem Leinöl aufgefrischt werden. Wenn die Farbe dann nach etwa 20 Jahren verblasst ist, erfolgt eine Gesamtauffrischung.

Bei einem Ölfarbenanstrich braucht es 3 Schichten:
- die Grundierung
- die Mittelschicht
- die Deckschicht

Für die *Grundierung* nehmen wir Ölfarbe mit dem Pigment *Zinkweiß,* das die Haftung der späteren Schichten verbessert und die Farbe vor Schimmel schützt. Die Grundierung wird nur ganz dünn aufgetragen. Wenn es aussieht, als hätten wir die Farbe schlecht aufgetragen, ist die Grundierung in Ordnung.

Die mittlere Schicht muss unmittelbar nach der Grundierung aufgetragen werden, da das Zinkweiß fast glasartig wird. Ich empfehle, die Grundierung einfach wegzulassen und mit der Mittelschicht anzufangen. Die Farbe wird mit echtem Terpentin zu 15 bis 30% verdünnt und dann aufgetragen. Dann muss einige Tage, möglicherweise eine Woche lang, gewartet werden, damit die mittlere Schicht anständig durchtrocknet. Erst dann darf die Deckschicht folgen. Auch nach dem Auftragen der Deckschicht ist eine Trocknungszeit von einer Woche einzuplanen. Ob die Farbe trocken ist, können Sie ganz leicht mit dem Finger testen: Pressen Sie den Daumen auf die Farbe und rotieren Sie ein wenig. Bricht die Farbe, dann muss sie noch trocknen.

Im Unterschied zur industriell hergestellten Ölfarbe reißt der Film nicht ein und das Holz kann nicht verrotten. Der sicherste Weg, Holzfenster zu vernichten, ist ein Anstrich mit industrieller Ölfarbe.

Für ein gutes Ergebnis muss das Holz richtig trocken sein. Der nächste Anstrich darf erst erfolgen, wenn die vorherige Schicht ganz trocken ist. Das heißt, man muss mindestens zwei Tage warten, bevor man den nächsten Anstrich auftragen kann.

Obwohl Ölfarbe der traditionelle Schutzanstrich für Außenwände ist, sollten Sie heutzutage den Koch- oder Milchfarben den Vorzug geben.

Zum Schluss dieses Abschnittes noch vier wichtige Warnungen:

1. Niemals Ölfarben auf feuchtes Holz auftragen
2. Niemals Ölfarben auf Farbschichten bringen, die noch nicht trocken sind.

3. Niemals zu dick auftragen
4. Flüssige Ölfarbe schimmelt leicht, daher nicht in der Wärme lagern.
5. Niemals Ölfarben auf vorbehandeltes Holz auftragen.

3.4.5 Die Kochfarben

Kochfarben werden so genannt, weil sie gekocht werden müssen. Dazu müssen wir in der Nähe des Hauses einen geeigneten, windgeschützten Platz finden. Hier errichten wir aus einigen Backsteinen eine Feuerstelle. Am Besten legen Sie noch einen Rost darüber. Danach sind die Kochgefäße an der Reihe. Normalerweise kocht man die Farbe für ein ganzes Haus in einem der gängigen 200 Liter Ölfässer. In einem 200 Liter Fass können Sie etwa 150 Liter Farbe kochen.

Jetzt benötigen wir Mineralwolle zur Isolierung des Fasses, um zu verhindern, dass zu viel Wärme über die dünne Metalloberfläche verloren geht. Dies ist das einzige Mal, dass wir Mineralwolle beim Bau verwenden. Wir legen eine 160 mm Matte, einmal so um das Fass, dass oben etwa 300 mm und unten etwa 150 mm des Fasses nicht von der Matte bedeckt werden. Die Isolierung sichert man mit zwei ineinander verdrillten Drähten. Jetzt kann die Kocherei losgehen.

Die Erdfarben – Punamulta-Falunrotfarbe

Die ersten Farben dieser Art wurden vor über 500 Jahren, um etwa 1500 n. Chr. bekannt. Man verarbeitete damals wie heute die roten Erdpigmente aus den Erzgruben von Falun.
100 Jahre später kam, mit der schwedischen Herrschaft, die Farbe nach Finnland und Norwegen. Auf Grund der hervorragenden Eigenschaften setzte sich dieser Farbentyp bis heute durch. Noch immer gibt es keinen besseren Anstrich für Holzwände. Es gibt sogar noch einige schwedische Hersteller, die die Farbe mit

akzeptabler Qualität zu einem hohen Preis herstellen. Wie gesagt, es mag auch unter den deutschen Herstellern solche geben, die gute Qualität produzieren, nur wetten möchte ich darauf nicht. Zu verlockend sind die Zusatzstoffe, die die Verarbeitung oder die Eigenschaften *„um so viel verbessern"*.

Warum, fragt man sich, können wir uns unsere Farben und Schutzstoffe nicht selber herstellen? Da weiß man, was drin ist und wir können eine Menge Geld sparen.

Im Laufe der Zeit haben sich die Rezepte in Schweden und in Finnland leicht verändert. Meiner Ansicht nach, sind die, im 18. und 19. Jahrhundert in Finnland weiterentwickelten Rezepte die besseren. Aber beginnen wir zuerst mit einem schwedischen Rezept für Punamulta-Falunrot Farbe:

Das Rezept ergibt 50 Liter Falunrot – rote Schlammfarbe:

40 l Wasser
3 kg Eisensulfat (Eisenvitriol)
4 kg Roggen- oder Weizenmehl
8 kg Rotocker (Pigment) von Falun
3 l gekochtes Leinöl bzw. Firnis

Zunächst erhitzen Sie das Wasser, dann fügen Sie das Eisensulfat hinzu. Lassen Sie die Mischung abkühlen und rühren Sie dann langsam das Mehl ein. Das ganze lassen Sie nun so lange kochen, bis die Konsistenz breiig ist. Nach und nach fügen Sie den Rotocker hinzu und verrühren das ganze kontinuierlich mit dem Bohrmaschinenaufsatz. Zum Schluss wird das Leinöl beigefügt und die Mischung weitere 3 bis 4 Stunden gekocht.
Dabei müssen Sie dringend darauf achten, dass die Farbe nicht am Boden anbrennt. Mit einem hölzernen Rührlöffel, den Sie am besten aus einem unten abgerundeten Brettchen und einem Stil

herstellen, mischen sie die kochende Farbe immer gut durch und streichen dabei auch über den Boden. Sie können nie zu lange kochen, da das Lösungsmittel Wasser ist und Sie problemlos immer wieder kleine Mengen Wasser zugeben können, sobald die Mischung zu dickflüssig wird.

Wichtig ist, dass Sie niemals synthetische Pigmente verwenden! Die einzige Ausnahme bildet Titandioxid für die Farbe Weiß. Für ein ganzes Haus kochen Sie die Farbe am Besten in einem alten Ölfass zu 200 Litern auf einer provisorischen Feuerstelle dicht am Haus.

Finnisches Rezept für 160 Liter:

150 l Wasser
25 kg rotes Mineralpigment
12 kg feines Roggenmehl
6 kg Eisensulfat

Diese Zutaten sind für rote und andere dunkle Farbtöne gedacht. Für helle Töne wird an Stelle von Eisenvitriol Zinkvitriol in gleicher Menge genommen. Je nach Holzoberfläche reicht 1 Liter Kochfarbe für 1 bis 5 Quadratmeter. Roggenmehl gehört zu den alten Rezepten. An manchen Stellen wird aber mehr und mehr Weizenmehl verwendet, da es sich angeblich besser verkochen soll.

Auf alle Fälle sollten Sie genügend Farbe ansetzen, da die Bestandteile ja sehr billig sind und nichts ärgerlicher ist, als wenn mitten bei der Arbeit plötzlich die Farbe ausgeht. Wenn der Untergrund nicht gut haftend ist, können Sie auch 5 bis 10% Firnis zugeben. Bei neuem Holz ist dies allerdings nicht nötig. Der Zusatz von Firnis (3 x 10 Min. gekochtes Leinöl) kann die Kosten des Anstrichs verdoppeln.

Um zu testen, ob die Farbe fertig ist, streichen Sie ein glattes Holzstück mit der Farbe an und trocknen diese über dem Feuer. Dann versuchen Sie mit der Hand die Farbe abzureiben. Bleibt sie auf dem Holz, ist die Farbe fertig. Ob Sie direkt mit der heißen Farbe streichen, oder sie über Nacht abkühlen lassen, ist Geschmackssache und wird vielerorts hart diskutiert. Am Besten ist es, direkt mit dem Anstrich zu beginnen und wenn Sie nicht fertig werden, können Sie am nächsten Tag weiter arbeiten. Nach dem Abkühlen kann es sein, dass die Farbe etwas gallertartig wird. In diesem Fall dürfen Sie die Farbe auf keinen Fall mit Wasser verdünnen! Stattdessen müssen Sie sie dann neu erwärmen und solange rühren bis die Farbe wieder flüssig ist. Wenn dann doch einmal verdünnt werden muss, bitte nur mit einer 10%igen Salzlake. Die Farbe wird mit einem Flächenstreicher nicht zu dünn aufgetragen.

Die Endhärte wird nach ca. 24 Stunden erreicht. Regen oder nasses Holz schaden dem Anstrich nicht! Wenn richtig gekocht wurde und die Zutaten in Ordnung sind, dann gelingt der Anstrich mit Punamulta Farbe einfach immer!

Die Nutzungsdauer für diese Anstriche liegt in etwa zwischen 30 und 50 Jahren. Nach dieser Zeit ist es relativ einfach die Farbe zu erneuern. Man bürstet die alte Farbe mit einer *Wurzelbürste* ab und entfernt den Farbstaub zuerst mit dem Staubsauger, dann mit einem angefeuchteten Lappen. Die neue Farbe kann jetzt direkt aufgetragen werden. Nach dem Kochen kann man Punamulta oder Falunrot höchstens drei Tage lang aufheben.

3.4.6 Anstreichen mit Milch – Die Kaseinfarben

Als Graf Jean Baptiste Bernadotte 1818 König von Schweden und Norwegen wurde, brachten seine Baumeister die Kenntnis der Milchfarben von Frankreich mit nach Skandinavien. 1802 wurden sie erstmals in Frankreich erwähnt, 16 Jahre später kamen sie in

Skandinavien an. Gegen Ende des 18. Jahrhunderts wurden sie in Frankreich und Mitteleuropa langsam wieder vergessen, während sie sich im Norden Europas steigender Beliebtheit erfreuten.

Die Kaseinfarben sind günstig, dauerhaft und schön. Wie die Kochfarben sind sie in beiden Richtungen voll permeabel (durchlässig), schützen aber die Hauswand, genau wie Kochfarben, vor Lichtkorrosion und Schlagwasser.
Die Kaseinfarbe ist sehr leicht herzustellen, einfach zu verarbeiten und muss nicht gekocht werden.

Rezept für Kaseinfarben

10 l voll entrahmte Milch (0-1,5% Fett)
3 - 5 kg Pigment
1 kg Zement
1 l Eisensulfat (für dunkle Farben) oder
1 l Zinksulfat (für helle Farben)

Da das Milchfett der Farbe schaden würde, müssen Sie voll entrahmte Milch verwenden. Sie darf auch ruhig sauer sein. Sauer gewordene Milch können Sie eventuell preiswert aus einer Molkerei beziehen.
Die genaue Menge der Pigmente müssen Sie durch ausprobieren bestimmen. Raue Oberflächen benötigen weniger, glattgehobelte mehr Pigmente. Für weiße Oberflächen verwendet man Titandioxid.

Die Zutaten geben Sie zusammen in einen Eimer und mischen sie von Hand gut durch. Das müssen Sie in regelmäßigen Abständen wiederholen, da der Zement die Tendenz hat, sich am Boden abzusetzen. Koch- und Kaseinfarben gleichen sich in ihren Eigenschaften. Die Nutzungszeit beträgt ca. 35 bis 40 Jahre. Danach wird der alte Anstrich, wie bei den Kochfarben abgebürstet und die neue Farbe aufgetragen.

Es gibt noch eine Menge anderer Farben, wie zum Beispiel die Kalkfarben oder auch die Silikatfarben, die auf Steinuntergrund die besten Resultate liefern. Sie alle sind für Holz jedoch ungeeignet. Wenn Sie als Bauherr nach den Prinzipien dieses Ratgebers bauen, werden Sie erstklassige und vor allem dauerhafte Ergebnisse erzielen.

Leider sind einige der hier angeführten Materialien in Baumärkten nicht erhältlich. Für ein vernünftiges Haus müssen Sie, in Bezug auf die Materialien, auf Schnäppchen verzichten. Doch gegenüber den Industrieprodukten, sind selbst hergestellte Farben zwei- bis dreimal günstiger, und das bei gleicher Qualität.

4 Der Bau einer finnischen Sauna

Schon der Titel dieses vierten Teils des Ratgebers gibt ein erstes Rätsel auf: Finnische Sauna, gibt es etwa auch andere? Ja, es gibt andere und insbesondere hat das, was man hier zu Lande – in Deutschland und Mitteleuropa – als Sauna bezeichnet, mit einer finnischen Sauna wenig zu tun.

Der Grund liegt darin, dass die finnische Sauna das Endresultat einer Jahrhunderte alten Tradition ist, die darauf ausgerichtet war, der bäuerlichen Bevölkerung und den Waldarbeitern, unter den unwirtlichen klimatischen Bedingungen gute Körperreinigung und Entspannung zu bieten. Darüber hinaus hat die finnische Sauna eine Reihe von gesundheitlichen Vorteilen. Sie hat bei einigen Krankheiten sogar eine heilende Wirkung. So hatte Finnland Jahrhunderte lang die geringste Kindersterblichkeitsrate in Europa, denn die Kinder kamen normalerweise in der Sauna, dem saubersten Ort im Haus zur Welt. Auf Grund der Wärme war die Sauna außerdem der Platz, an dem die Frauen die geringsten Muskelverspannungen hatten. Kein Volk Mitteleuropas konnte die Finnen in punkto Reinlichkeit übertreffen.

Von all dem ist bei uns, in unserer fortschrittlichen Zeit, nicht mehr viel übrig geblieben. Wir haben zwar die Sauna hierher geholt, aber was sich hier „finnische Sauna“ nennt sind in Wahrheit verpilzte Schwitzhäuser, die häufig üblen Gestank verbreiten. Damit man das ganze Elend nicht so gut riechen kann, werden zum Teil synthetische Öle und Geruchsstoffe verwendet. Die Reinigung der Bretter erfolgt nur noch selten und wenn, dann nur mit Hilfe der modernen Chemie. Kommentarlos fügt man sich dem Ritus des Aufgusses. Da würde jeder Finne verdutzt drein blicken.

Daher werden an dieser Stelle zunächst einige Missverständnisse über die finnische Sauna aufgeklärt, indem ich Ihnen nun stichpunktartig die Art und Weise aufzeige, in der die Finnen ihre Sauna genießen:

- In die Sauna geht man nackt.
- Normalerweise geht man nach Geschlechtern getrennt in die Sauna. Die Söhne mit dem Vater, Onkel, Freunden; die Töchter mit der Mutter, Oma, Tante usw.
- Fremde gehen nie gemischt in die Sauna.
- Mit Badebekleidung zu saunieren findet ein Finne einfach nur eklig.
- Die Sauna dient der Steigerung des Wohlbefindens und der Entspannung.
- Daher bestimmen die Saunagäste selbst, welche Temperatur und welche Luftfeuchte sie an diesem bestimmten Tag haben wollen.
- Man verdirbt die Luft in der Sauna nicht mit Beimischungen oder Chemikalien im Aufguss.
- Eukalyptus, Pfefferminze und dergleichen haben in einer finnischen Sauna nichts zu suchen.
- Ein Aufgusswart gehört bestimmt nicht in die Sauna.
- Die Sauna ist auch ein wichtiges gesellschaftliches Ereignis – sei es, dass am Wochenende die Familie gemeinsam (regeln siehe oben) badet, sei es, dass wichtige Geschäfte begonnen oder abgeschlossen werden.
- Nur die russische Banja hat ähnliche Funktionen.
- In die Sauna geht man mit Muße: 3 bis 4 Stunden Badezeit. sind normal, wie lange man sich in der Sauna wohlfühlt bestimmt der Badegast selbst.

Um das alles leisten zu können muss auch der Bau einer Sauna gewissen Prinzipien folgen.

In Finnland gibt es noch heute einen Jahrhunderte alten Streit über die einzig wahre finnische Sauna. Ich glaube, dieser Streit wird solange weiter gehen, wie es noch Finnen gibt, die ihr gewohntes Saunabad genießen wollen. Wir werden hier weder Streit noch Polemik in die eine oder andere Richtung verfolgen, sondern nur erörtern welche Möglichkeiten sich beim Saunabau bieten.

Nach wie vor herrscht große Uneinigkeit darüber, wo denn die finnisch-ugrischen Völker eigentlich herkommen. Seit mehr als 100 Jahren versteift sich die Forschung – vor allem in Finnland – darauf, dass die Ostseefinnen früher am Wolgaknie gesiedelt hätten und von dort nach Westen gezogen seien. Leider macht die moderne Genetik dieser Auffassung den Garaus. Wenn wir der Genetik glauben, dann kamen die Ostseefinnen aus dem Gebiet der heutigen Türkei, aus Belgien und dem Baskenland. Auch die Sprachforschung hat festgestellt, dass finnische Wortstämme Einzug in die Sprachen der Türkei, des Baskenlandes, des Schwedischen und der altdeutschen Sprache gefunden hatten, lange bevor durch die Hanse, durch Schweden und durch Russland die finnische Sprache von diesen Ländern beeinflusst wurde.

Auf alle Fälle haben die Finnen aber eine Methode der Körperreinigung unter unwirtlichen Bedingungen entwickelt. Zuerst war es ein Erdloch, in dem Steine erhitzt wurden, dann baute man Holzhäuser um das Erdloch herum, bis sich daraus schließlich die *Rauchsauna (Savusauna)* entwickelt hatte.

4.1 Die Rauchsauna

In der Savusauna wird in einem nach oben offenem Ofen eine möglichst große Menge an Steinen – teilweise von einer Tonne und mehr Gewicht – auf etwa 150 bis 180° Celsius erhitzt. Während der mehrstündigen Aufheizzeit streichen die Flammen über die Steine, der Rauch zieht durch eine Klappe im Dach nach außen.

Sind die Steine heiß genug, wird das Feuer gelöscht. Man gibt einen sehr kräftigen Aufguss über die Steine, das sogenannte Häkälöyly, der Ascheaufguss. Dadurch werden die Steine gereinigt. Danach werden Bänke und Fußboden gründlich geputzt. Sofern die Steinmenge ausreichend groß ist, ist die Sauna jetzt für einen Zeitraum von 3 bis 4 Stunden bereit zum Baden.
Die Rauchsauna ist die ursprünglichste und auch die schönste Art der finnischen Sauna. Leider sind Vor- und Nachbereitung mit viel Arbeit verbunden. Der Saunameister ist praktisch den ganzen Tag damit beschäftigt.

Zu einem richtigen Saunabad gehört das Schlagen der Haut mit einem Büschel frischer, junger Birkenzweige. Diese Bündel (Sauna vihta oder Saunavasta) holt man vor dem Saunabesuch aus dem Wald und bindet sie selbst. Im Winter kann man sie tiefgekühlt im Supermarkt kaufen. Sie werden in heißes Wasser gelegt und sind nach einigen Augenblicken gebrauchsfertig.

Die Saunagesellschaft bestimmt jetzt selbst, wann und wie viel Löyly (Aufguss) auf die Steine kommt. Nach etwa 15 bis 20 Minuten ist der erste Saunagang beendet, man geht ins Freie um zunächst abzudampfen. Je nach Belieben kann man sich dann weiter abkühlen. Dusche, Wasser, Schwimmen im See oder Pool und auch Schnee stehen zur Auswahl.
Danach zieht man sich einen Bademantel über und setzt sich zur Entspannung in den Ruheraum (Tupa). Es stehen Bier, Limonade und/oder Wasser bereit, um den Flüssigkeitsverlust auszugleichen. Hier sind dann die Männer und Frauen unter sich und können ungestört ihre Männer- und Frauengeschichten austauschen. Häufig werden aber auch, wenn man so nackt beieinander sitzt, die Bande für zukünftige Geschäftsabschlüsse oder Politikprojekte geknüpft. Dann schließt sich der zweite Saunagang an (s.o.).
Geht dieser Gang zu Ende, wird oft eine besondere Wurst (Lenkkimakkara) auf den Steinen gegrillt. Lenkkimakkara ist eine Art

Fleischwurst, die in Finnland vor allem im Sommer in großen Mengen verzehrt wird. Danach kommt, je nach Belieben, noch ein Saunagang oder die Waschung im Waschzimmer (Pesutupa). Hierbei ist es üblich, dass man sich beim Waschen des Rückens gegenseitig hilft. In kleineren Saunen gibt es nur eine Pesutupa. Findet der Saunagang in einem guten Hotel statt, kann man sich auch waschen lassen, was dann eher einer Massage gleicht. Zum Abschluss wird außerhalb oder im Wohnhaus ein kleiner Imbiss gereicht.

Wie man sieht, hat der echte Saunagang wirklich wenig mit dem zu tun, was hier als Sauna gehandelt wird.

In Mitteleuropa ist eine Rauchsauna schon wegen der Gesamtkosten, der Beschaffung des nötigen Holzes und der aufwändigen Arbeit nur schwer realisierbar. Aus diesen Gründen gibt es auch in Finnland nur noch wenige Rauchsaunen. Nach neusten Schätzungen gab es 2009 in Finnland etwa 5,4 Millionen Einwohner und 1,6 Millionen Saunen, hiervon waren nur 5% echte Rauchsaunen.

Nach dieser Einführung in die Welt der idealen Sauna, wollen wir nun die Möglichkeiten für Matti Meikäläinen (Otto Normalverbraucher) ausloten.

Wichtig ist es, zu beachten, dass der Saunaofen die Seele der Sauna ist – wie der Ofen, so die Sauna!
Zunächst sollten wir uns grundlegend über die Heizungsart klar werden. Wollen wir eine Holz- oder eine elektrische Heizung? Holz ist besser, lautete bis vor kurzem das Credo der Saunameister. Diese Ansicht wird sich aber so nicht mehr halten können. Wenn wir uns für Holz entschieden haben, dann erhebt sich die Frage, ob wir einen Ofen zum Einmalheizen (kertalämmitteinen puukiuas) oder einen Dauerbrennofen (jatkuvalämmitteinen puukiuas) bevorzugen.

4.2 Der Ofen zum Einmalheizen (kertalämmitteinen puukiuas)

Bei dieser Art von Ofen werden die Steine direkt von den Flammen aufgeheizt. Auch hier muss, wie bei der Rauchsauna eine ausreichende Menge an Steinen im Ofen sein, damit die Wärme nicht rapid verloren geht, sondern für lange Zeit erhalten bleibt.
Am Ende der Aufheizperiode werden das restliche Feuer und die Asche aus dem Ofen genommen und die Steine durch einen kräftigen ersten Aufguss gereinigt.

Vorteil:

Unvergleichliches löyly, Wohlfühlklima der Extraklasse.

Nachteil:

Zeitaufwendig, braucht viel Energie (Holz).

4.3 Der Dauerbrenner (jatkuvalämmiteinen puukiuas)

Bei diesem Typus wird eine moderate Menge an Steinen erhitzt und die Wärmeverluste werden durch das Feuer, das während des gesamten Saunagangs brennt, laufend ausgeglichen.

Vorteile:

- heizt relativ schnell auf
- die zu erhitzende Steinmenge ist relativ klein
- geringere Energiekosten

Nachteile

- es muss ständig Holz nachgelegt werden
- relativ hartes löyly
- der Ofen verbraucht sehr viel Sauerstoff, der den Saunabadenden fehlt.
- dadurch herrscht kein optimales Saunaklima

Um den Nachteil des hohen Sauerstoffverbrauchs zu umgehen gibt es noch den Dauerbrennofen, der von außen beheizt wird.

Hier sehen wir einen Ofen der Firma IKI-Kiuas Oy, Finnland, der außerhalb des Saunabereichs beheizt wird. Dieser Ofen bezieht seine Verbrennungsluft also nicht aus dem Saunaraum. Darum erreicht man auch mit dieser Methode ein ausgezeichnetes Saunaklima. Wenn man einen Holzofen installiert sollte man entweder auf den Einmalbrenner oder auf den Dauerbrenner mit Befeuerung von außen zurückgreifen.

4.4 Die Elektroöfen

Die Neuzeit ist auch in die Sauna eingezogen und mit ihr kamen die Elektroöfen. Aber im Unterschied zu dem, was man so allgemein in Finnland glaubt, sind die elektrischen Öfen in Wirklichkeit viel besser als ihr Ruf vermuten lässt.
Jedenfalls sind sie um viele Klassen besser als die Dauerbrenner mit Holz. Die Behaglichkeit einer Sauna steht und fällt mit dem Luftaustausch. Und Elektroöfen verbrauchen keinen Sauerstoff.

4.4.1 Die immer bereiten Saunaöfen

Das sind Elektroöfen, die so gut isoliert sind, dass sie immer eingeschaltet sind. Sie fassen eine relativ große Steinmenge von etwa 60 kg, die im Inneren des Ofens konstant bei 120° Celsius gehalten wird.

Obwohl der Ofen durchgehend an ist und im Standby-Modus im Inneren eine Temperatur von 110 Grad herrscht, liegt der Verbrauch bei gerade einmal 40 Watt pro Stunde, das ergibt etwas weniger als eine Kilowattstunde pro Tag. Der Vorteil dieses Ofens sind die kurzen Aufheizzeiten. Wenn man in die Sauna gehen möchte ist die Betriebstemperatur schon nach etwa 30 bis 45 Minuten erreicht.

Fazit:

- Der beste Ofen ist der mit Holz beheizte Einmalofen, der während des Saunagangs nicht mehr brennt. Eine große Menge Steine (200 bis 400 kg) kann die Wärme lange halten und sorgt für ein tolles Saunaklima. Dieser Ofen kommt eigentlich aber nur für Saunahäuser in Betracht.
- Dem folgt der von außen beheizte Holzdauerbrenner.
- Obwohl der normale Dauerbrenner der traditionelle Saunaofen Finnlands ist, sollte man ihn ablehnen. Er entnimmt seinen Sauerstoff dem Saunaraum und sorgt für ein unangenehmes Saunaklima.
- Die Elektroöfen sind besser als ihr Ruf vermuten lässt. Man kann sie alle verwenden, sollte aber darauf achten, dass die Kapazität des Ofens ausreichend ist. Sonst entsteht in der Sauna ein bitterer elektrischer Geruch.
- Der immer bereite (aina valmis) Ofen zeichnet sich durch einen sehr milden Aufguss aus und er ist schnell aufgeheizt.

4.5 Die Gartensauna – das Saunahaus

Für die Gartensauna oder das Saunahaus gilt im Wesentlichen dasselbe, was wir zuvor über Holzhäuser gesagt haben. Es gibt viele, unterschiedliche Konstruktionsmöglichkeiten. Sauna-Neulingen ist nur zu empfehlen, sich ordentlich beraten zu lassen. Leider ist es aber so, dass es in Deutschland viele Hersteller von Saunen gibt, die von der Materie nicht die geringste Ahnung haben. Da gibt es z. B. Saunen, die modernen Wellnessbädern ähneln. Wenn Sie eine gute Sauna wollen, sollten Sie unbedingt die Finger von Experimenten lassen.

Zuerst kommt der Ofen und um ihn herum wird die Sauna errichtet. Das Holz der Sauna bleibt zunächst unbehandelt und wird nach zwei Jahren mit Punamulta (Rezept s. Teil 3) gestrichen.

Mit einer Blockbohlenstärke von 50 mm kann man kein vernünftiges Saunahaus bauen. 80 mm sollte die unterste tolerierbare Stärke sein. Das Fenster im Saunaraum sollte aus nordischer Kiefer bestehen und darf keinesfalls Abdichtungen aus Gummi oder Kunststoff haben. Die Tür zur Sauna sollte unten nicht dicht abschließen, im Gegenteil: Es ist am besten, wenn sie unten etwa 100 mm kürzer ist, um einen guten Luftaustausch zu gewährleisten.

Die Inneneinrichtung, wie Bänke und Lehnen, sollte aus Abachi-Holz gefertigt sein. Abachi fühlt sich selbst bei sehr hohen Temperaturen kühl an, sodass man sich auch bei einer Saunatemperatur von 120° Celsius nicht verbrennen kann.
Als Ersatz für Abachi kommt astfreie nordische Fichte in Frage.

Ein Saunahaus hat normalerweise mindestens zwei Räume: Den Wasch- und Aufenthaltsraum und den eigentlichen Saunaraum. Nach obenhin bleibt die Anzahl der Räume unbegrenzt.
Im oberen Teil des Saunaraums, von dem Ofen am weitesten entfernt, etwa 200 mm unter der Decke, befindet sich die regulierbare Entlüftungsöffnung. Beim Aufheizvorgang bleibt sie geschlossen, danach wird der Luftaustausch über diese Klappe reguliert. Der Durchmesser des Luftdurchtrittes sollte mindestens 200 mm betragen, besser ist es aber, wenn er größer ist. Die in Deutsch-

land eingeführten, sogenannten Verdampfer gehören nicht in die finnische Sauna!

Als Saunaregel müssen Sie sich nur merken, dass es eigentlich keine Regel gibt. Die Menschen, die die Sauna gerade nutzen, müssen darin übereinkommen, wie sie es am liebsten mögen. Dann besteht auch keine Gefahr von Gesundheitsproblemen.

Wenn dann die Sauna beendet ist, kommt der letzte aber sehr, sehr wichtige Schritt:
Alle Fenster und Öffnungen werden so weit geöffnet, wie es geht. Dann müssen die Saunabretter mit einer Wurzelbürste gründlich abgebürstet und somit gereinigt werden. Als Seife verwenden Sie am besten Mäntysuopa, das die Firma *Henkel* in Finnland produziert. Die Seife wird aus Kiefernöl hergestellt, ist biologisch voll abbaubar und hat sich seit über 100 Jahren bewährt.

4.6 Die Bunkersauna

Die „Bunkersauna", so wird sie von den Finnen genannt, zeigt, dass die neue Zeit mit ihrer Industrialisierung und Verstädterung auch einem Volk, für das die Sauna eine zentrale kulturelle Frage darstellt, Kompromisse abverlangt.

Der Begriff Bunkersauna umfasst diejenigen Saunaräume, die man in Wohnungen und Keller gepresst hat, um der Stadtbevölkerung den Saunagang zu ermöglichen.
Leider wurden und werden auf diesem Gebiet die schrecklichsten Konstruktionsfehler gemacht. Statt einer Sauna erhält man dann oft einen verpilzten, stinkenden Schweißraum.
In diesem Bereich werden Fertigsaunen mit Kunststoff oder Mineralwollisolierungen von 40 mm Baustärke und weniger angeboten. Leider ist eine gute Sauna aber nicht zum Schnäppchenpreis im Baumarkt erhältlich.

Nehmen wir an, wir wollen die Sauna in den Keller bauen, dann stellt sich als erstes folgende, zentrale Frage: Wie hoch ist der Keller? Ist er nur zwei oder weniger Meter hoch, sollte man es besser sein lassen.
Als nächstes ergibt sich die Frage, warum ausgerechnet der Name „Bunkersauna" verwendet wird. Ganz einfach: Eine in Beton oder Stein eingelassene Sauna ruft ein unvermeidbar schlechtes Saunaklima hervor. Das gilt auch dann, wenn die minimalen Wandabstände eingehalten werden.

Wenn wir auch im Haus eine gute Sauna haben wollen, bleibt uns nichts anderes übrig, als ein komplettes Saunahaus mit ausreichendem Abstand von Wand, Decke und Fußboden innerhalb der Wohnung zu erbauen. Der ausreichende Abstand sollte überall mindestens 40 mm betragen, die Betonung liegt auf mindestens. Wenn es möglich ist, sollte man vor allem zwischen Haus- und Saunaboden mehr Platz lassen.
Als nächstes müssen wir für eine gute bis sehr gute Belüftung des Raumes sorgen, in dem die Sauna installiert ist. Hierzu muss eine regulierbare Zuluft von außen mit einem Durchmesser von mindestens 500 mm und eine regulierbare Abluft von mindestens 400 mm eingebaut werden. Die Öffnungen für die Entlüftung müssen vertikal mindestens 1700 mm voneinander entfernt sein. Ist der Abstand kleiner, muss die Abluft mit einem Ventilator unterstützt werden.
Wenn wir dann noch beim unteren Teil der Saunatür 100 mm Luft lassen, haben wir alles Notwendige für einen guten Saunagang geschaffen und können dann nicht mehr von einer Bunkersauna sprechen.

Jeder kann sich seinen Traum so erfüllen, wie er es gern möchte. Wichtig ist einfach nur, dass Sie dem Lebensgefühl der Finnen folgen und erkennen, dass die finnische Sauna mehr als nur ein „Schwitzhaus" ist.

5. Anhang

5.1 Checkliste zur Vorbereitung Ihres Bauvorhabens

Wenn Sie ein Bauvorhaben unternehmen wollen, sei es ein Neubau, ein Anbau oder eine Altbausanierung, so ist es sicher von großem Nutzen, wenn man sich vorher über alle Eventualitäten Gedanken macht.
Zuerst kommt die Frage aller Fragen:

A

Wollen Sie dauerhaft bauen und ein behagliches Raumklima und möglichst wenig Folgekosten erhalten?

B

Möchten Sie möglichst so bauen wie alle „schon immer“ gebaut haben und bei dem die >Experten< sagen: „das muss so gemacht werden“?

Entscheiden Sie sich für A, so sollten Sie sich die folgende Checkliste zu Herzen nehmen. Sie können jeden Punkt einzeln abhaken und wichtige Dinge wie Fragen, Ideen, Anmerkungen etc. direkt notieren:

- ☐ Welches Grundstück habe ich und wie muss das Gebäude idealerweise darauf stehen.

- [ ] Wie soll ich Wände und Fenster anordnen, um einen möglichst großen Energiegewinn durch Sonneneinstrahlung zu bekommen?

- [ ] Aus welchem Material soll das Gebäude vorwiegend sein?

- [ ] Bin ich mir bewusst, dass ein kompaktes Material mit guten eigenen Dämm- und Isoliereigenschaften immer um ein Vielfaches besser und am Ende billiger ist, als eine nachträgliche Zusatzdämmung?
  So ist zum Beispiel ein Holzhaus aus massiven Blockbohlen immer billiger als ein Haus aus Blockbohlen, die noch eine zusätzliche Wärmedämmung benötigen.

- [ ] Bin ich bereit, die Zusatzkosten für eine kompetente Beratung und genaue Baubeschreibung zu tragen? Wie hoch können diese maximal sein?

☐ Bin ich mir darüber im Klaren, dass mich nur eine wirklich detaillierte Baubeschreibung vor späteren Überraschungen und Kosten schützen kann? Diese sollten Sie unbedingt schriftlich anfertigen und Ihren Unterlagen hinzufügen.

☐ Muss ein Keller unbedingt sein, oder ist das Grundstück groß genug, um einen oberirdischen Schuppen aufzustellen. Der Grund: Ein gut gebauter, trockener Keller ist sehr teuer und aufwendig.

____

____

____

☐ Wendeltreppen sollte ich möglichst vermeiden, denn sie sind schwer begehbar und gefährlich.

☐ Eine Galerie oder ein nach oben offenes Zimmer sollte ich nicht bauen. So schön es aussehen mag, Häuser mit solchen architektonischen Besonderheiten sind faktisch nicht zu heizen. Ein Wohnzimmer mit einer Galerie bringt ungefähr zwölfmal höhere Heizkosten mit sich, als das gleiche Zimmer ohne Galerie.

☐ Mein Haus sollte ich möglichst auf Pfeiler und mit einem Abstand von mindestens einem Meter zum Boden bauen. Wenn alles andere richtig gebaut wurde, habe ich so niemals Schimmel im Haus.

____

____

____

☐ Flachdächer und Dachterassen sollte ich unbedingt vermeiden. Es ist unvermeidbar, dass sie nach einigen Jahren undicht werden. Dafür sorgt die Eigenbewegung des Hauses.

____

____

____

☐ Wenn denn schon sekundär gedämmt werden muss, fallen all die üblichen und liebgewonnenen Dämmstoffe weg. Die gute Wahl ist stark eingeschränkt. Außer den Zelluloseflocken kommt nur noch sehr wenig in Frage.

____

____

____

☐ Wenn wir ein Haus aus Stein vor uns haben, kommt für innen und außen nur ein Kalkputz in Frage, ganz gleich, was der Experte mir rät.

____

____

____

☐ Habe ich eine Holzkonstruktion vor mir, so sollte ich mir meine Farben selber mischen oder kochen. Punamulta (finnisch, eine gekochte Pigmentaußenfarbe) kann Standzeiten von 70 Jahren erreichen.

____

____

____

☐ Selbst wenn es sich um ein Fertighaus handelt, muss ich immer alles hinterfragen.

☐ Die Bau- oder Fertighausfirma muss alles, was sie versprochen hat, schriftlich bestätigen. Erst dann erfolgt der Bauauftrag.

Wenn Sie diese Schritte verinnerlicht haben, sollten Ihnen die schlimmsten Fehler unterbleiben.

Zum Abschluss noch einige Zeilen zu der Problematik der Europäischen Gebäuderichtlinie vom 08. 07. 2010:
Die Verordnung schreibt vor, dass ab 2020 nur noch sogenannte Null-Energiehäuser gebaut oder saniert werden. Das bedeutet auch, dass die Wohnungen oder Häuser den Vakuum-Test bestehen müssen. Der Vakuum-Test besagt wiederum, dass ein in den Wohnungen erzeugtes Vakuum über einen bestimmten Zeitraum gehalten werden muss. Das bedeutet für die Wohnung, dass sie einem Einmachglas ähnlich sein muss. Ich prophezeie europaweit, die größte denkbare Wohnungskathastrophe.

Unter der Prämisse der Energieeinsparung werden zusätzliche Dämmungen verlangt. Gleichzeitig wird aber nicht gesagt, wie man die Innenfeuchtigkeit der Wohnungen wieder los wird. Der Bauherr oder Vermieter wird nicht verpflichtet, für die entsprechende Entfeuchtung zu sorgen. Daraus folgt, dass praktisch alle Wohnungen verschimmeln und der Mieter oder Eigentümer letztlich der Dumme ist. Die Baufirma hat richtig nach den Vorschriften gebaut, der Mieter hat eben nicht genug gelüftet oder nicht genug geheizt. Fachleute sind sich einig, dass eine solche Marmeladenglaswohnung überall auf mindestens 20 Grad aufgeheizt und etwa alle 20 Minuten für mindestens 10 Minuten gelüftet werden muss. Von einer Energieeinsparung kann da keine Rede sein. Viele Fachleute sind sich einig, dass die Energiebilanz dann negativ sein wird. Aberwitziger kann eine Richtlinie nicht mehr sein.

Wen Sie weitere Beratung wünschen, können Sie gern Kontakt mit dem Autor aufnehmen: Baugutachten.Dietz@mail.com

5.2 Glossar

A

Absolute Luftfeuchtigkeit: Die absolute Luftfeuchtigkeit ist ein direktes Maß für die in einem gegebenen Luftvolumen enthaltene Wasserdampfmenge. Sie lässt unmittelbar erkennen, wie viel Kondensat maximal ausfallen kann oder wie viel Wasser verdunstet werden muss, um eine gewünschte Luftfeuchtigkeit zu erhalten.

Acetyliertes Holz: Das ist Holz, das in einem patentierten Prozess mit Essigsäure unverrottbar gemacht wird.

Anaerobische Mikroorganismen: Das sind Mikroorganismen, die zu ihrem Stoffwechsel keinen Sauerstoff benötigen.

Aufforstung: Aufforstung bedeutet, dass auf einem gefällten oder anderweitig landwirtschaftlich genutzten Grundstück oder Gebiet neuer Wald gepflanzt wird.

Außendämmung: Außendämmung bedeutet Wärmedämmung von innen oder außen an der Außenwand eines Gebäudes.

B

Behaglichkeitsgrenze: meint hier die relative Luftfeuchte in Wohnräumen, bei deren Überschreitung wir uns unwohl fühlen. Sie liegt bei maximal 65%.

Bindemittel: Stoffe, die Farben, Zementen und dergleichen beigemischt werden.

Bitumen: (auch Erdpech genannt) bezeichnet ein sowohl natürlich vorkommendes als auch durchVakuumdestillation von Erdöl entstandenes thermoplastisches Material. Bitumen ist klebrig und abdichtend.

Bläuepilze: Bläuepilze, auch Blaufäule genannt, sind Pilzkulturen, die das Holz nicht angreifen und nur eine Farbveränderung hervorrufen.

Blockbohle: eine Blockbohle ist ein aus dem Kernholz eines Baumes herausgeschnittenes Vierkantholz.

Borate: sind die Salze oder Ester der Borsäure. Sie werden beim Holzschutz und Brandschutz verwendet.

C

Cellulose: Cellulose (Zellulose) ist der Hauptbestandteil von pflanzlichen Zellwänden, Massenanteil etwa 50%. Sie ist damit die am häufigsten vorkommende organische Verbindung. Sie gehört zu den Polysacchariden.

$C0_2$ Abdruck: ein Begriff, um auszudrücken, wie viel CO_2 bei der Herstellung und dem Transport einer Ware ausgestoßen wurde.

D

Dachtraufe: kurz Traufe, bezeichnet die Tropfkante an einem Gebäude. In dieser Traufe sammelt sich das gesamte Wasser, das vom Dach abläuft.

Dickenwachstum: unter Dickenwachstum von Bäumen versteht man die durch die Wachstumsphasen (Baumringe) bedingte Zunahme des Stammumfangs.

Diffusion: Diffusion ist ein physikalischer Prozess, der zu einer gleichmäßigen Durchmischung zweier (gasförmiger) Substanzen führt. Im Buch wird Diffusion in zwei Zusammenhängen gebraucht. Sie wird einmal als Durchmischung von Luft und Wasserdampf bezeichnet und zum anderen als Durchdringung des Luft-Wasserdampfgemisches (Innen- bzw. Außenluft) durch die Wände.

E

EnEV 2009: bezeichnet die Energiesparverordnung vom Jahr 2009. Im Juli 2010 trat die neue europäische Energiesparverordnung 2010 (EPBD 2010) an die Stelle der EnEV 2009. Viele der dort postulierten Vorschriften basieren auf Laborerkenntnissen. Die Praxis widerlegt leider viele der postulierten Theorien.
Dies führt zu schweren Baufehlern, obwohl die Baufirmen alle Vorschriften eingehalten haben, was wiederum dazu führt, dass es, bei Auftritt von Baumängeln (z.B. Schimmel) zu juristisch schwer lösbaren Problemen zu ungunsten der jeweiligen Bauherren kommt.

Erdgas-Brennwerttechnik: Es gibt Brennwertkessel für Öl, Gas und Pellets. Bei der Brennwerttechnik geht es im Grunde darum, die Kodensationswärme dem Heizkreislauf zuzuführen. Obwohl die Abgase oft nur eine Temparatur von 40^0 Celsius haben, wird eine Versottung der Kamine sicher verhindert.

Erosionsschutz: Erosionsschutz ist die Verhinderung von Verfrachtung von Bodensubstanz durch Wind, Wasser oder ungeeignete bautechnische Eingriffen in die Natur.

F

baubiologische Fermacellplatte: Fermacellplatten bestehen aus Gips und recycletem Papier, dem Wasser zugesetzt wird, um es dann in die Platten zu pressen. Fermacell hat alle Eigenschaften eines guten Dämmstoffes.

Feuchtigkeitskumulierung: Durch falsche Baumaßnahmen verursachte Anreicherung von Wasserdampf in Wohnräumen.

Firnis: Firnis ist ein klarer Schutzüberzug über verschiedene Oberflächen. In unserem Buch verstehen wir darunter ein aus Leinöl hergestelltes Firnis. Heutzutage gibt es Firnisse aus Harz, Öl, Terpentinöl und Alkohol.

Frühholz: durch Klimaschwankungen bedingte Wachstumsvariationen bei Bäumen. Bei Nadelhölzern sind die Frühjahrszuwächse größer und weicher. Daher ist ein schnell wachsender Nadelbaum weicher als ein Baum, der langsam wächst.

G

Gesamtnutzungsdauer: Die Nutzungsdauer eines Gebäudes vom Bau bis zum Abriss.

H

Holzpelletanlagen: die Nutzung von Biomasse zur Erzeugung von Energie. Hier vor allem Heizungen mit Holzpellets.

Holzteer: ist das zähflüssige, wasserunlösliche Gemisch organischer Substanzen, die bei der Pyrolyse von Holz entsteht. Daneben entsteht noch Holzkohle, Holzgas, Holzessig und Wasser.

Hygroskopische Eigenschaft: die Möglichkeit von Stoffen selbstständig Wasser aufzunehmen.

I

Innendämmung: Eine Wandwärmedämmung, die innerhalb der Wohnung aufgebracht wird.

K

Kambium: Kambium oder auch Kambiumring nennt man bei Bäumen die hohlzylindrische Wachstumszone zwischen der Splintholzschicht und der Rinde.

Kapillare Verbindungen: eine Kapillare ist ein langgestrecktes Röhrchen, in dem durch die hier auftretenden Oberflächenkräfte Wasser entgegen der Schwerkraft aufsteigt. Hier im Buch handelt es sich um eine kapillare Verbindung aus dem Erdreich, die eine wässrige Verbindung zum Fundament des Hauses herstellt.

Kernholz: Kernholz bezeichnet bei Bäumen die innere, biologisch nicht mehr aktive Zone

Köhlerei: ein aussterbendes Gewerbe, das aus Holz Holzkohle und Holzteer herstellt.

Kondensation: Kondensation bezeichnet den Übergang eines Stoffes aus dem gasförmigen in den flüssigen Zustand. Dabei entsteht das Kondensat.

Koniferen: Koniferen ist ein anderer Begriff für Nadelbäume

L

Lehm: Lehm ist eine Mischung aus Sand (Korngröße > 63 µm), Schluff (Korngröße > 2 µm) und Ton (Korngr. < 2µm). Die Mischung entsteht entweder durch Verwitterung aus Fest- und Lockergesteinen oder durch Ablagerung seiner Bestandteile. Lehm ist der älteste formbare Baustoff der Welt.

Lingine: sind eine Gruppe von phenolischen Makrobausteinen, die sich in den Zellwänden absetzen und so zu dem Verholzen der Zellen führen.

Lösungsmittel: unter einem Lösungsmittel versteht man einen Stoff, der Gase, Flüssigkeiten oder feste Stoffe verdünnen kann. Das bekannteste Lösungsmittel ist Wasser.

Luftfeuchtigkeit: Luftfeuchte allgemein. Siehe absolute und relative Luftfeuchte.

M

Mobilisierungsphase: unter Mobilisierungsphase versteht man in unseren Breiten die Zeit März/April, in der in den Bäumen die Ruhephase von der Wachstumsphase abgelöst wird.

N

Nut und Feder: die Nut- Federverbindung ist eine Steckverbindung, die vorwiegend zum Zusammenstecken von Brettern oder sonstigen Verbindungen zweier Hölzer verwendet wird.

O

OSB-Platte: unter einer OSB-Platte versteht man eine Platte aus groben Holzspänen, die unter Druck verleimt werden.

P

Patina: ist eine durch natürliche oder künstliche Alterung entstandene Materialoberfläche.

Permeabel: ein anderes Wort für durchlässig.

Pesutupa: Bezeichnung für einen Raum in der Sauna, in dem sich der Saunagast wäscht.

Photokorrosion: Holzkorrosion unter dem Einfluss von Licht.

Photooxidation: Oxydation von Holz unter dem Einfluss von Licht.

Pigmente: Pigmente sind farbgebende Stoffe die zur Farbgebung verwendet werden. Im Gegensatz zu den Farbstoffen sind Pigmente in dem Anwendungsmedium unlöslich.

Polyose: Polyosen oder auch Hemicellulose sind ein in Biomasse vorkommendes, nicht genau definiertes Gemisch von Polysacchariden (Vielfachzucker)

Porotonstein: Ziegelsteine mit inneren Hohlräumen. Diese Hohlräume werden heutzutage oft mit Dämmstoffen befüllt. Nur Porotonsteine mit Perlitfüllungen sollten Verwendung finden. Alle übrigen Befüllungen führen zu Bauproblemen.

R

Restnutzungsdauer: Ist die Gesamtnutzungsdauer minus der technischen Lebenszeit.

Ruhephase: Sie bezeichnet die Wachstumsruhezeiten von Pflanzen im Winter.

S

Salzlake, 10%ig: Verdünnung für eine der traditionellen Kochfarben.

Saunavasta: gebundene, frische Birkenreiser zum Schlagen und massieren während des Saunaganges.

Savusauna/Rauchsauna: der ursprüngliche Typ der finnischen Sauna, bei der ein großer Steinhaufen in der Mitte des Raumes mit Holzfeuer erhitzt wird.

Der Rauch wird durch eine Öffnung im Dach abgeleitet. Sind die Steine heiß und das Feuer abgebrannt, wird der Innenraum gereinigt und der Saunagang kann beginnen.

Spätholz: Holz, das im späten Herbst oder Winter eingeschlagen wird.

Setzung: Unter Setzung versteht man die Volumenverkleinerung von Holz nach der Verarbeitung.

Splintholz: ist das Holz unter der Borke. Es ist von minderwertiger Qualität und muss entfernt werden.

Synthetisierung: auch richtiger Synthese genannt. Es ist die Verbindung von zwei oder mehr Stoffen zu einem neuen Material.

T

Technische Lebensdauer: sie dauert bei einem Gebäude von der Errichtung bis zum Abriss.

Toxizität: Giftigkeit eines Stoffes.

Transparente Wärmedämmung (TWD): eine Art der Wärmedämmung, bei der die Energie des einfallenden Sonnenlichts für eine positive Wärmebilanz verwendet werden kann.

Tupa: (finnisch) ein einfacher Aufenthaltsraum in einer Sauna.

Tüpfel: Tüpfel bezeichnen eine anatomische Einheit eines Baumes.

U

u-Wert: U-Wert (früher k-Wert) ist der Wärmedurchgangskoeffizient und ein Maß für den Wärmedurchgang durch einen Bauteil. Er wird in $W/(m^2K)$ angegeben. Je kleiner er ist, desto besser isoliert das Material.

V

Venezianisches Terpentinöl: ist das echte, wasserfreie Terpentin, das durch Destillation von frischem Pinienharz gewonnen wird.

Verkernung: das ist der Vorgang, der das Holz der Bäume zu Kernholz macht. Nur Kernholz ist für den Hausbau geeignet.

Vulkanischer Perlit: eine (die beste) Füllung für Porotonsteine

W

Wachstumsphase: die Wachstumsphase der Bäume zwischen März und September.

Wärmebrücken: eine Wärmebrücke, besser sollte man Kältebrücke sagen, ist ein Bauteil oder Bauabschnitt, der weniger gut isoliert ist, als seine Umgebung.

Wärmepuffer: Wärmepuffer ist ein Speicher, der Energie aufnehmen kann und zu anderer Zeit wieder abgibt. Das kann eine entsprechende Hauswand sein oder zum Beispiel eine Nachtspeicherheizung.

Wurzelbürste: ist eine grobe Bürste, mit der man Erdreste entfernen kann.

Z

Zelluloseflocken: Zelluloseflocken aus Zellulose oder recyceltem Zeitungspapier gehören zu den besten Isolier- und Dämmstoffen für Hohlräume.

Zusatzstoffe: alle Stoffe, die man einem Material zumischen kann, um bestimmte Eigenschaften zu erhalten. Sie sind meistens mit einer Qualitätsminderung des Ausgangsstoffes verbunden.

Entspannung in ihrer schönsten Form.
Saunen, Gartensaunen, Infrarotwärmekabinen
→ direkt vom Profi im Saunabau.
Auszeit
KUGEL SAUNA
Kugel Saunabau
Rothfuß & Kugel GmbH
Beratung und Ausstellung:
Kreuzgasse 10
72218 Wildberg-Schönbronn
Tel. 0 70 54/56 00
info@kugel-sauna.de
www.kugel-sauna.de